电子信息前沿技术丛书

民族教育信息化教育部重点实验室

云南省智慧教育重点实验室

国家自然科学基金项目“高效可信的深度集成知识蒸馏关键技术研究与应用”

集成多标签学习方法

夏跃龙　唐明靖　著

清華大學出版社
北　京

内 容 简 介

随着社会需求的变化，越来越多的人工智能应用涉及多标签学习问题，如文本分类、语义标注、社交网络、基因预测和疾病诊疗等，多标签学习已成为当前人工智能领域的研究热点之一。本书基于集成学习相关理论，围绕多标签局部依赖、多标签缺失补全、极端量级多标签学习、长尾多标签学习和开放词多标签学习等一系列问题进行展开，讨论了一系列高效的集成多标签学习方法。我们提出了一种集成多标签学习方法，该方法巧妙融合了多标签学习与集成学习的优势，旨在克服传统多标签学习在多样化应用场景中面临的挑战。本书将详细阐述方法在不同实际场景下的具体解决方案及其背后的技术支撑，同时，通过展示一些典型的实际应用问题解决案例，来验证提出方法在处理复杂、多维度标签任务上的优越性，为相关领域的研究与应用提供了参考和启示。

本书可作为高等院校计算机科学、人工智能等相关专业师生的教学参考书，也可为大数据处理、人工智能应用开发领域的专业人员、科技工作者及研究人员提供宝贵的实践指南与理论参考。

图书在版编目(CIP)数据

集成多标签学习方法 / 夏跃龙，唐明靖著. -- 北京：清华大学出版社，2025.1.
(电子信息前沿技术丛书). -- ISBN 978-7-302-68236-3

Ⅰ. TP181

中国国家版本馆 CIP 数据核字第 2025SN5308 号

责任编辑：文 怡
封面设计：王昭红
责任校对：郝美丽
责任印制：宋 林

出版发行：清华大学出版社
网 址：https://www.tup.com.cn，https://www.wqxuetang.com
地 址：北京清华大学学研大厦 A 座 **邮 编**：100084
社 总 机：010-83470000 **邮 购**：010-62786544
投稿与读者服务：010-62776969，c-service@tup.tsinghua.edu.cn
质量反馈：010-62772015，zhiliang@tup.tsinghua.edu.cn
课件下载：https://www.tup.com.cn，010-83470236
印 装 者：涿州汇美亿浓印刷有限公司
经 销：全国新华书店
开 本：170mm×230mm **印 张**：10.5 **字 数**：232 千字
版 次：2025 年 3 月第 1 版 **印 次**：2025 年 3 月第 1 次印刷
印 数：1～1500
定 价：59.00 元

产品编号：105275-01

前言

PREFACE

随着互联网技术的不断发展，数据量的激增促使越来越多的领域数据呈现出多标签特性，如文本分类、图像标注、基因预测和疾病个性化诊疗等。这一现象推动了多标签学习在实际应用中的广泛采纳与深入探索，使之成为当前机器学习领域内一个备受瞩目的研究热点。不同于传统单标签问题（二分类任务或者多分类任务），一个样本只能属于一个类或者多个类中的一个，多标签学习允许一个实例同时属于多个类别，在实际复杂场景中，标签之间存在着共生、互斥的多种依赖关系，使得多标签学习问题变得复杂，传统单标签学习方法并不能很好地适用。因此，本书提出了一种集成多标签学习方法，旨在解决传统多标签学习在不同场景下存在的若干问题。主要应对以下挑战。

（1）当前处理多标签学习方法大多采用集成思想，主要采用 bagging、boosting、stacking 集成策略，然而无论是 bagging、boosting 还是 stacking，这些方法大多未很好地处理标签之间成对局部依赖关系。因此，如何巧妙地利用矩阵补全来有效地填补标签缺失并进行高效的多标签学习，成为一个值得深入探讨和关注的问题。

（2）随着标签数量的增加，搜集到的多标签数据普遍存在标签缺失不完整现象，矩阵补全理论已经表明了在满足一定条件下能有效实现对缺失数据的补全。然而，当前基于矩阵补全的多标签学习方法存在两个缺点：一是未很好地利用特征辅助信息，如流形子空间特征结构信息；二是存在的大多矩阵补全方法仅考虑了标签集的缺失，未考虑特征集的缺失，使得传统方法存在局限性。

（3）传统多标签学习关注的只是一个相对较少的标签量（如 1000 个标签及以下），但随着互联网数据的与日俱增，标签量已经突破万甚至百万量级，如在当前的一个主流应用场景——极端多标签文本分类中的。因此，如何基于当前不同深度网络表征能力，提出适合解决极端多标签（Extreme Multi-label Learning）问题的方法是一个值得关注的问题。

(4) 随着标签量不断扩增,标签呈现出长尾分布态势,即头部类占据了数据的大部分样本(Many-shot Learning),而少量的样本(Few-shot Learning)却占据了大多数尾部类。因此,如何提出适合长尾分布的多标签学习方法是一个值得关注的问题。

(5) 人类每天产生大约 2.5EB 的数据,以应对大数据带来的多标签学习的重大挑战,现实世界中的识别系统经常面临着看不见未知标签的挑战,使得模型泛化性能较差。因此,如何充分利用大量开放词(Open-vocabulary)提升多标签学习方法是一个值得关注的问题。

针对上述多标签学习问题,本书重点介绍集成多标签学习方法。书中涉及大量计算机通识外文词汇和外国人名,若全部译为中文,反而不利于读者日后进一步阅读文献和学习,因此,本书对涉及的一些主要通识词汇和人物保持外文名。从广度上看,书中讨论了五种场景下集成多标签学习方法,即加权堆叠选择集成的传统多标签学习、流形子空间集成的不完全多标签学习、不同表征网络集成的极端多标签学习、自蒸馏集成的长尾多标签学习和多模态知识集成的开放词多标签学习,内容丰富。从深度上看,书中给出集成学习、深度学习相关原理、算法和应用实例。

本书共 8 章。第 1 章介绍当前集成学习和多标签学习面临的挑战,以及集成多标签学习可以作为一个有效的解决方案;第 2 章介绍集成学习、多标签学习相关基础理论,包括集成学习框架和主流的传统多标签学习方法;第 3～7 章分别详细介绍五种场景下的集成多标签学习方法,即加权堆叠选择集成的传统多标签学习、流形子空间集成的不完全多标签学习、不同表征网络集成的极端多标签学习、自蒸馏集成的长尾多标签学习和多模态知识集成的开放词多标签学习;第 8 章总结全书,并展望集成多标签学习的未来发展。

本书可供高等院校计算机科学、人工智能等相关专业的师生阅读,也可供大数据和人工智能应用程序的开发人员、广大科技工作者和研究人员参考。

作　者

2024 年 12 月

目录

CONTENTS

第1章

绪　论

本章开篇便深入剖析了多标签学习研究的广阔背景及其重要意义，然后对多标签学习领域的研究现状进行了全面细致的梳理，并进一步阐述了该领域所面临的诸多问题与挑战，为后续章节探讨奠定了坚实的理论基础与现实导向。

1.1　背景及意义

随着互联网技术的日新月异，越来越多的数据呈现出多标签特性，如文本分类[1]、图像标注[2]、基因预测和疾病诊疗[3]等，这一趋势极大地促进了多标签学习在各类实际应用场景中的广泛应用，多标签学习已成为当前机器学习领域的一个研究热点。不同于传统单标签问题(二分类任务或者多分类任务)，一个样本只能属于一个类或者多个类中的一个，多标签学习允许一个实例可以同时属于多个类别[4]，例如，一幅图像可以标注为 beach、sunset、field 和 mountain 四个标签，一篇文章主题可以标注为 romance、comedy 甚至更多。图 1.1 示出了传统单标签学习和多标签学习之间的区别，如红色五角星同时属于类 1、2、3。在实际复杂场景中，标签之间存在着共生、互斥的多种依赖关系，使得多标签学习问题变得复杂，传统单标签学习方法并不能很好地适用。

集成学习[5-6]旨在学习多个弱的基学习器通过某种集成策略形成一个强的分类器，能很好提高学习系统的泛化性，已被广泛地应用到机器学习任务中[7]。为了适应多标签学习场景，许多传统的单标签学习方法通过集成思想改进而扩展为多标签学习算法：一是基于 bagging[8]模式的集成，如 EBR[9]、ELP[10]、ECC[9]、EPS[10]、RAkEL[11]、CDE[12]、RF-PCT[13]等多标签算法；二是基于 boosting[14]模式的集成，如 AdaBoost. MH[15]；三是基于 stacking[16]模式的集成，如 MLS[17]。然

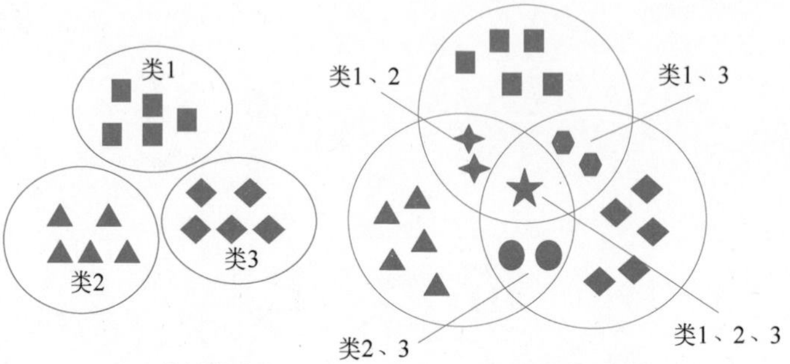

(a) 单标签学习　　(b) 多标签学习

图 1.1　单标签学习和多标签学习样本示例

而,随着标签数量的增多,仅采用传统多标签学习以及传统集成策略已不能满足实际应用场景需求,例如:一是多标签数据存在严重缺失不完整[18-19];二是极端多标签场景[20-21],如在文本分类中,标签数量达到上百万(Amazon-3M 数据集[21]有 2 812 281 个标签);三是长尾多标签学习场景[22-23],由于标签数量的增多,标签呈现出长尾的趋势,头部类占据了数据的大部分样本,而少量的样本却占据了大多数尾部类,因此,本书基于集成学习相关理论,研究集成多标签学习算法,旨在解决不同场景下多标签学习存在的问题,该研究对解决复杂多标签学习问题具有重要的现实意义。

1.2　多标签学习研究现状

由于深度神经网络的广泛使用,大量的研究从传统多标签学习转换为基于深度学习的多标签学习,本节从传统多标签学习和深度多标签学习两个视角对多标签学习研究现状进行阐述。

1.2.1　传统多标签学习方法

如图 1.2 所示,传统多标签学习主要分为基于问题转换方法(Problem Transformation)、基于算法适应方法(Algorithm Adaptation)和基于集成的多标签学习方法(Ensemble Multi-label)三类。

1. 基于问题转换方法

基于问题转换方法的主要思想是把一个多标签问题转换为独立的二值分类问题或多类分类问题,典型的算法有二元关联(Binary Relevance,BR)[24]、分类器链(Classifier Chain,CC)[9]和标签超集(Label Powerset,LP)[11]等。二元关联是最常用的多标签方法，它利用一对所有策略（One vs All）将多标签问题转换成多个二值分类子问题，对每个标签与之相关联的看作正样本，其余被归为负样本，该方法由于独立地对待每个标签，并没有考虑标签之间的依赖关系。分类器链通过将每个分类器进行串联，把之前分类器的预测作为特征扩展到当前分类器特征空间中来提升分类器性能；然而，链的顺序直接影响分类器的性能，因为当链上的一些分类器预测不好时，错误会在链上传播。标签超集首先对数据集中出现的标签进行不同组合，基于组合的标签集把原始问题转化为多分类问题，由于考虑了不同的标签组合，标签超集在一定程度上考虑了不同类别之间的相关性；但该方法无法预测尚未出现的标签组合，且标签关系复杂，使得模型训练时间复杂度较高。另外一种思想是把多标签问题转换为标签排序（label ranking）问题，其标签排序是基于成对标签比较生成的，如校准的标签排序（Calibrated Label Ranking，CLR）[25]方法，但标签排序方法时间复杂度较高，且标签比较之间需要使用不同的阈值，使得模型训练和预测变得困难。

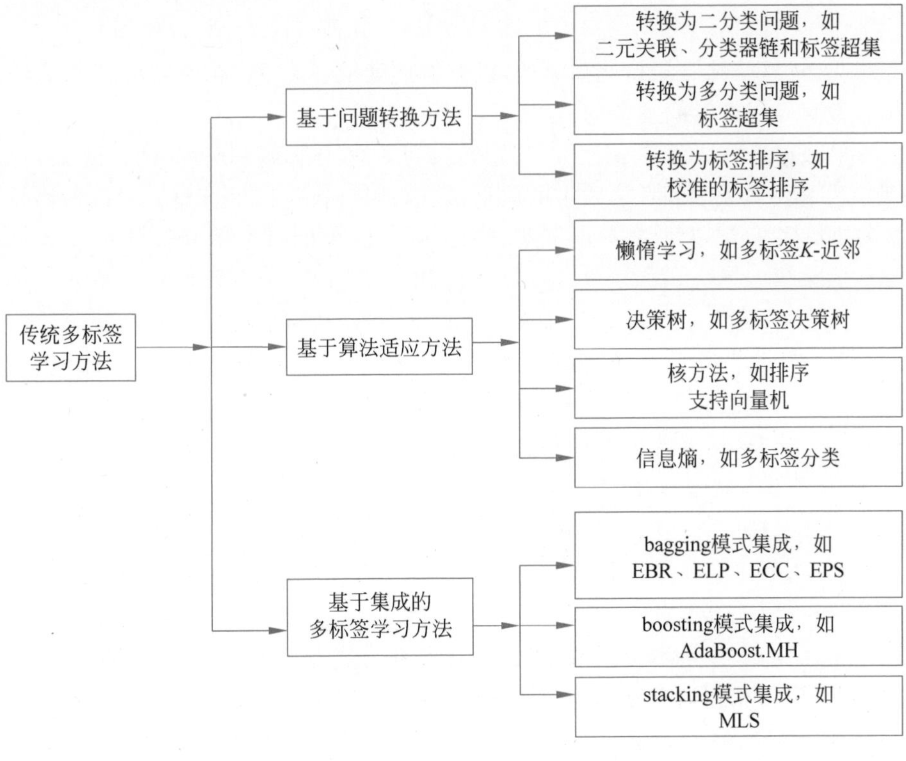

图 1.2 传统多标签学习方法分类

问题转换方法试图将多标签分类问题转化为一种简单的二值分类问题，即所谓的基学习算法。令 n 表示训练样本数，p 表示预测样本数，$Z=\{z_1,z_2,\cdots,z_m\}$ 表示所有标签的集合，$f:X\times Y$，X 是一个 p 维的输入空间，$Y=\{0,1\}^m$ 是目标空间，其中 $\boldsymbol{x}^{(i)}=(x_1^{(i)},\cdots,x_p^{(i)})^{\mathrm{T}}\in X$，$i=1,\cdots,n$，表示第 i 个训练样本，$x_j=(x_j^{(1)},\cdots,x_j^{(n)})^{\mathrm{T}}$，$j=1,\cdots,p$，表示待预测样本。$x^{(i)}$ 的多标签输出 $\boldsymbol{y}^{(i)}=(y_1^{(i)},\cdots,y_m^{(i)})^{\mathrm{T}}\in Y$，对所有的 $k=1,\cdots,m$，当 $x^{(i)}$ 预测标签为 z_k 时，$y_k^{(i)}=1$，否则 $y_k^{(i)}=0$，从而可得所有实例集合 $D=\{(\boldsymbol{x}^{(1)},\boldsymbol{y}^{(1)}),(\boldsymbol{x}^{(2)},\boldsymbol{y}^{(2)}),\cdots,(\boldsymbol{x}^{(n)},\boldsymbol{y}^{(n)})\}$。二元关联算法[24]的基本思想是将多标签分类问题分解为 n 个独立的二分类问题，每个二分类问题与标签空间的可能标签相对应。对于第 j 类标签 y_j，二元关联算法首先通过考虑每个训练样例与 y_j 的相关性构造相应的二元训练集：

$$D_j=\{(x_i f(Y_i,y_j))\mid 1\leqslant i\leqslant m\} \tag{1.1}$$

式中

$$f(Y_i,y_j)=\begin{cases}1, & y_j\in Y_i\\0, & \text{其他}\end{cases}$$

可见，标签是独立于彼此预测的，没有考虑其依赖关系。但是二元关联算法对于标签数目是线性时间复杂的，很容易并行化实现。

标签超集算法是将多标签学习问题转换为多类(单标签)分类问题。设 $\sigma_y:2^Y\rightarrow N$ 为从 y 标签集映射到自然数字的内射函数，训练阶段，标签超集算法首先将原始多标签训练集 D 转化为多类训练集，将出现在 D 中的每个不同标签集作为一个新类：

$$D_Y=\{(x_i\sigma_Y(Y_i))\mid 1\leqslant i\leqslant m\} \tag{1.2}$$

标签超集算法有两个主要的限制：一是不完全性，标签超集算法只限于预测在训练集中出现的标签集；二是效率低，当 Y 很大时，会有太多的映射类导致训练过于复杂。但是，标签超集算法考虑了局部标签之间的关系，分类精度较好。

2. 基于算法适应方法

基于算法适应方法的主要策略是对当前的单标签算法进行扩展和改进以适应多标签要求，如多标签 K-近邻(ML-KNN)[26]、多标签决策树(ML-DT)[27]、排序支持向量机(Rank-SVM)[28]和多标签分类(CML)[29]等。多标签 K-近邻的核心策略在于运用 K-近邻技术来处理多标签数据集。该算法通过寻找每个样本的 K 个最近邻，并依据这些邻居中包含的标签信息，利用最大后验概率(MAP)原则进行推理，从而实现对目标样本标签的预测。多标签决策树相似于决策树，需要使用多标签熵的信息增益来构建决策树，然后使用决策树技术来处理多标签数据。排序支持向量机的基本思想是通过使用最小化经验排序损失，旨在最大化边界提升多标签数据的分类性能，也可使用核技巧来处理非线性情况。基于条件随机场的多标签分类的基本思想是采用最大熵原理来处理多标签数据，其中标签之间的相关性用于多标签分类最终分布必须满足的约束条件，然而这些方法大多采用惰性学习方式，即每次预测时需搜索整个训练集，适合处理标签关系不太复杂的多标签问题[30]。例如，在多标签 K-近邻中，算法通过寻找每个样本的 K 近邻，运用 MAP 推理规则预测样本标签。对于看不见的实例 x，令 $N(x)$ 表示 D 中标识的 K 个最近邻居的集合，一般情况下，实例之间的相似度用欧几里得距离测量。对于第 j 类标签，多标签 K-近邻选择计算以下统计量：

$$C_j = \sum_{(x^*, Y^*) \in N(x)} \ell(y_j \in Y^*) \tag{1.3}$$

C_j 记录标签为 y_j 的邻居数。令 H_j 为 x 具有标签 y_j 的事件，且 $P(H_j|C_j)$ 表示 x 正好具有标签 y_j 的 C_j 邻居条件下 H_j 所保持的后验概率，相应地，$P(\neg H_j|C_j)$代表 H_j 没有相应条件的后验概率，根据最大后验概率规则，通过判断 $P(H_j|C_j)$是否大于 $P(\neg H_j|C_j)$来判断预测标签集合，即

$$Y = \left\{ y_j \;\middle|\; \frac{P(H_j \mid C_j)}{P(\neg H_j \mid C_j)} > 1 \right\} \tag{1.4}$$

其中，$P(H_j|C_j)$和 $P(\neg H_j|C_j)$可通过贝叶斯公式计算得出。ML-KNN 对于每个未曾出现过的实例，决策边界可以根据不同的邻域自适应调整，由于为每个类别标签估计了先验概率，类别不平衡问题可以大大减轻；但是，该方法未考虑标签之间的依赖关系，因此很多学者沿着这条路对 ML-KNN 算法进行了很多改进，如最大边际归化(MMP)算法[30]、多标签径向基函数(ML-RBF)算法[30]。

3. 基于集成的多标签学习方法

基于集成的多标签学习方法是建立在问题转换方法和算法适应方法基础上的，该方法旨在通过集成多样化的基分类器来克服单一多标签分类器性能低的缺点，主要采用 bagging、boosting、stacking 集成策略，例如，基于 bagging[8]模式的集成多标签学习有 EBR[9]、ELP[10]、ECC[9]、EPS[10]、RAkEL[11]、CDE[12]、RF-PCT[13]，基于 boosting[31] 模式的集成多标签学习有 AdaBoost. MH[15]，基于 stacking[16]模式的集成多标签学习有 MLS[17]等，可以表示为

$$Y = \sum \alpha_t h_t(x) \tag{1.5}$$

式中：α_t 表示对不同分类器 $h_t(x)$的权重，能够将异质或同质模型中的个体学习器进行集成，从而获得一个泛化能力更强的集成多标签学习方法。

但这些方法存在两个缺点[32]：一是大多数集成多标签算法仅利用集成策略把标签的预测结果作为辅助特征，未考虑多标签之间的局部依赖关系；二是未根据基分类器置信度进行筛选，导致基分类器可能传播错误的预测信息到后续的标签预测，如 ECC、MLS 等多标签集成方法。

1.2.2 深度多标签学习方法

深度神经网络已被广泛应用于图像、文本、语音、视频等各种机器学习任务中。由于深度神经网络强大的表征能力，越来越多的研究者关注深度学习在多标签场景中的应用，存在的深度多标签方法主要从特征空间和标签空间两个视角考虑。

1. 不同深度特征表征方法

不同深度特征表征方法与传统深度单标签学习一致，主要应用深度神经网络强大的特征表征能力促进多标签学习，可以应用 BR 策略，转换多标签问题至单标签问题，也可以简单地对多分类任务进行扩展得到多标签分类，如只需在网络的输出层设置相关阈值判断标签分类结果即可。如图 1.3(a)所示，假设 5 标签分类任务，通过全连接网络输出概率向量为[0.1,0.9,0.8,0.2,0.85]，通过设置阈值 0.5，可以得出输入样本属于标签 2、3、5，基于这样的思路，不同深度表征网络已被应用于不同的多标签学习场景，例如：对多标签图像分类，Wei 等[33]提出了基于最大池化的卷积神经网络(CNN)结构的多标签图像分类网络，Wang 等[34]提出了基于卷积神经网络(CNN)和循环神经网络(RNN)结构的多标签图像分类网络，Lanchantin 等[35]提出了基于 Transformers 的多标签图像分类网络等；对多标签文本分类，Liu 等[36]提出了基于卷积神经网络的多标签文本分类框架，Huang 等[37]提出了基于注意力机制的循环神经网络多标签文本分类网络，陈文实等[38]提出了融合主题模型和长短期记忆(LSTM)网络的多标签文本分类网络，Zong 等[39]提出了基于图神经网络(GNN)的多标签文本分类方法。这一类方法侧重于提升多标签特征表达能力以适应特定场合的多标签学习，然而存在的问题之一就是没有考虑标签之间的相关性，因此，当前许多研究者把标签相关性应用到深度神经网络中以提升多标签的学习效果。例如：Yang 等[40]处理标签相关性通过把多标签分类问题看作序列生成问题，通过改造序列生成模型(Sequence Generation Model)的 decode 部分考虑标签相关性；宋攀等[41]在神经网络顶层加入标签语义相似度矩阵考虑标签相关性。

2. 标签空间嵌入方法

在多标签学习中，造成多标签学习困难的一个因素是高维的标签空间，因此许多研究者提出了标签空间嵌入方法，如图 1.3(b)所示，高维的标签空间 $\boldsymbol{Y}$ 被编码进入一个低维的嵌入空间 $\boldsymbol{Z}$，然后训练模型从特征空间 $\boldsymbol{X}$ 到标签嵌入空间 $\boldsymbol{Z}$，该类方法旨在把高维标签空间映射到低维，其好处是约简了标签维度，同时提升了多标签学习效率。例如，Lin 等[42]提出了基于特征意识的标签空间嵌入多标签分类方法，Bhatia 等[43]提出了基于稀疏标签嵌入的多标签分类方法，Szymański 等[44]提出了基于标签网络嵌入的多标签分类方法。为了保留原标签空间之间的依赖关系，

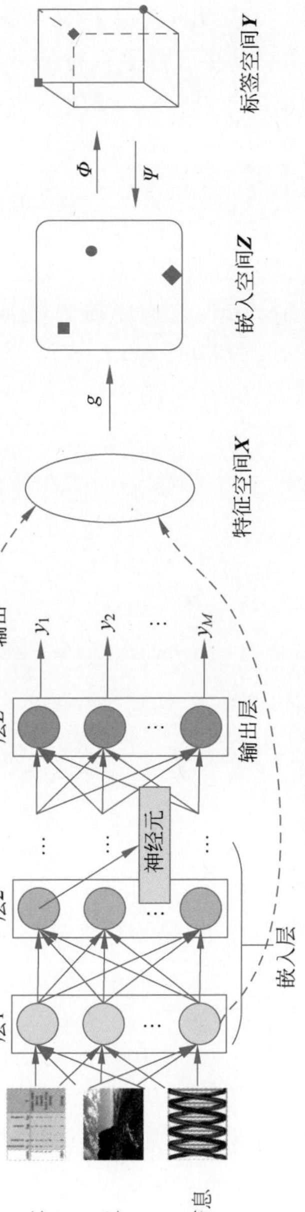

(a) 不同深度特征表征

(b) 标签空间嵌入

图 1.3 深度多标签学习视角

许多网络嵌入[45]方法被结合使用，例如，Shi 等[46]提出了两层的网络嵌入框架捕捉多标签之间的高阶依赖关系，Wang 等[47]提出了结构深度网络嵌入（SDNE）方法解决多标签分类任务，Xu 等[48]提出了基于多任务共享的网络嵌入方法并应用到多标签分类任务中。尽管这些方法取得了很好的效果，但这些方法要求标签空间是完整的，因此这些方法不能应用到标签缺失的多标签学习。

1.3 多标签学习评估标准

通常情况，多标签评估标准分为两类[30]：一类是基于样本的度量，如汉明损失（Hamming loss）、准确率（Accuracy）、排序损失（Ranking loss）、F1 值；另一类是基于标签的度量，如 Macro $B(h)$ 和 Micro $B(h)$。为每个评估标准，通过定义测试集为 $\mathcal{D}_t=\{(\boldsymbol{x}_i,\boldsymbol{y}_i)\mid 1\leqslant i\leqslant n\}$，其真实标签为 $\boldsymbol{y}_i\in\{0,1\}^l$，模型 h 的预测标签为 $\hat{\boldsymbol{y}}_i=h(\boldsymbol{x}_i)$，其评估标准描述如下：

（1）汉明损失：令 $I(\cdot)$ 表示指示函数，当满足条件时返回 1，否则返回 0，那么有

$$\text{Hamming loss}=\frac{1}{n}\sum_{i=1}^{n}\frac{1}{l}\sum_{j=1}^{l}I(y_{ij}\neq\hat{y}_{ij}) \tag{1.6}$$

（2）准确率：

$$\text{Accuracy}=\frac{1}{n}\sum_{i=1}^{n}\frac{|\boldsymbol{y}_i\cap\hat{\boldsymbol{y}}_i|}{|\boldsymbol{y}_i\cup\hat{\boldsymbol{y}}_i|} \tag{1.7}$$

（3）排序损失：令 $f(x,y)$ 表示标签 x 的置信度得分 $y\in Y$，则有

$$\text{Ranking loss}=\frac{1}{n}\sum_{i=1}^{n}\frac{1}{|\boldsymbol{y}_i||\bar{\boldsymbol{y}}_i|}\mid\{(y',y'')\mid f(x_i,y')\leqslant f(x_i,y''),(y',y'')\in\boldsymbol{y}_i\times\bar{\boldsymbol{y}}_i\} \tag{1.8}$$

（4）F1：令 p_i 和 q_i 分别表示召回率和精度，则有

$$\text{F1}=\frac{1}{n}\sum_{i=1}^{n}\frac{2p_iq_i}{p_i+q_i} \tag{1.9}$$

（5）Macro $B(h)$ 和 Micro $B(h)$：对第 j 个测试样本，令 TP_j、FP_j、TN_j、FN_j 分别表示正正、负正、正负、负负的数目，类似于 F1，$B(\text{TP}_j,\text{FP}_j,\text{TN}_j,\text{FN}_j)$ 表示某种特别的二值分类度量，Macro $B(h)$ 和 Micro $B(h)$ 分别假定标签和样本的等量权重，则有

$$\begin{aligned}\text{Macro }B(h)&=\frac{1}{l}\sum_{j=1}^{l}B(\text{TP}_j,\text{FP}_j,\text{TN}_j,\text{FN}_j)\\ \text{Micro }B(h)&=B\left(\sum_{j=1}^{l}\text{TP}_j,\sum_{j=1}^{l}\text{FP}_j,\sum_{j=1}^{l}\text{TN}_j,\sum_{j=1}^{l}\text{FN}_j\right)\end{aligned} \tag{1.10}$$

在本书中，根据不同的应用场景，选取上述提出的六种多标签评估标准进行不同的实验。

1.4 多标签学习面临的挑战

尽管多标签学习已经取得了非常好的进展，然而随着互联网数据的与日俱增，复杂的应用场景使得传统多标签学习变得困难，本节将概括描述当前多标签学习面临的主要困难和挑战。

（1）传统多标签集成方法未能很好地处理标签之间成对局部依赖关系，如何利用局部标签依赖关系提升传统多标签集成方法的性能是值得解决的关键问题。

集成多标签学习方法根植于问题转换与算法适应两大策略之上，其核心思想在于通过整合多种基分类器来弥补单一多标签分类器性能上的不足。这一方法主要运用了 bagging、boosting 以及 stacking 等集成策略。具体而言，基于 bagging 策略的集成多标签学习包括 EBR、ELP、ECC、EPS、RAkEL、CDE、RF-PCT 等；基于 boosting 策略的集成多标签学习有 AdaBoost. MH[15]等；基于 stacking 策略的集成多标签学习则涵盖了 MLS 等。这些策略共同构成了集成多标签学习领域的丰富实践，有效提升了多标签分类的性能与效果。因此，如何利用局部标签依赖关系提升传统多标签集成方法的性能是值得解决的关键问题。

（2）在多标签学习中，标签缺失、不完整是普遍存在的现象，如何基于现有矩阵补全理论补全标签并进行多标签学习，是值得解决的关键问题。

随着标签数量的不断攀升，搜集到的多标签数据中普遍存在标签缺失或不完整的问题。在满足特定条件下，矩阵补全能有效地填补缺失数据进行多标签学习。

（3）传统多标签学习方法主要聚焦于处理相对有限的标签集合（如不超过1000 个标签），然而，随着互联网数据的爆炸性增长，标签数量已急剧增加至数万乃至数百万级别，这在“极端多标签文本分类”这一当前主流应用场景中尤为显著。如何充分利用当前深度网络的强大表征能力，提出创新性的解决方案以应对极端多标签文本分类问题，已成为迫切需要解决的难题。

极端多标签学习和普通多标签学习的主要区别是标签量巨大，如极端多标签文本分类，标签量突破到几万甚至百万，当前主要采用深度学习、度量学习等来解决极端多标签问题，主要有如下两个缺点：一是未同时性考虑词、短语、标签三者之间的依赖关系；二是巨量标签使得模型的泛化性能低，可扩展性差。因此，如何基于当前不同深度网络表征能力，提出适用于解决极端多标签问题的方法是亟待解决的问题。

（4）随着标签数量的持续激增，标签分布逐渐显现出长尾特征，即少数热门类别（头部类）占据了数据集中的大量样本，而绝大多数长尾类别则仅包含少数样本。面对这一挑战，如何融合当前热门的知识蒸馏与对比学习技术，开发出能够有效应对长尾分布特性的多标签学习模型，已成为亟须解决的技术难题。

为应对长尾多标签学习，传统方法主要基于重采样策略和重加权策略，这些方法存在如下问题：一是模型过度学习头部，忽视了尾部；二是模型过度学习尾部，忽视了头部，使得长尾多标签学习变得困难。近期较为成功的方法多聚焦于两阶段解耦训练与知识迁移技术，然而，这些方法亦有其显著弊端：一是需要多阶段训练，在处理庞大的多标签数据时会导致模型训练成本高昂且耗时过长。二是由于多标签场景标签的共现和大量负标签的主导，多标签长尾极度不平衡，这些方法较少考虑头类和尾类之间的知识交互，使得多标签长尾分布问题变得困难。因此，如何基于当前热门的知识蒸馏和对比学习方法，提出适用于长尾分布的多标签学习是亟待解决的问题。

（5）人类每天活动产生的数据量高达 2.5EB，这一庞大的数据规模对多标签学习技术提出了严峻挑战。在现实应用场景中，识别系统经常遭遇未知标签的挑战，使得模型泛化能力较差，难以准确应对多样化的输入数据。

多标签识别是计算机视觉应用场景理解、自动驾驶和视频监控的基本任务，目的是识别图像中所有相关标签的目标。在现实应用中，多标签识别系统应该能学习成千上万的标签，因此，仅使用可见的标签训练多标签学习方法还远不能满足实际应用的需求。随着视觉和语言预训练模型的不断发展，多模态开放词汇分类成为预测任意标签一种行之有效的方法，因此，如何把多模态开放词扩展到多标签学习模型对识别不可见标签具有重要意义。

1.5 本章小结

本章首先介绍了多标签学习研究的背景及其现实意义。随后，对当前多标签学习领域的研究现状进行了深入剖析，在此基础上，指出了当前多标签学习所面临的主要问题与严峻挑战，为后续的研究与探索指明了方向。第 2 章将首先描述集成多标签学习相关理论，然后引出本书提出的集成多标签学习方法主要内容。

第2章

集成多标签学习相关理论

本章首先介绍集成学习相关理论，然后详细描述集成学习研究现状、本书主要内容和组织结构。

2.1 集成学习相关理论

集成学习通常具有比基学习器更强的泛化性能，可以从以下三方面分析集成学习理论。

2.1.1 偏差-方差分解

偏差-方差分解[76-77]是常用的一种算法分析工具，它将学习器的泛化误差分解为固有的噪声、偏差和方差。令 f 为目标函数，h 为基学习器，平方误差可以分解为

$$\begin{aligned}\mathrm{err}(h) &= \mathbb{E}\left[(h-f)^2\right] = (\mathbb{E}(h)-f)^2 + \mathbb{E}\left[(h-\mathbb{E}(h))^2\right] \\ &= \mathrm{bias}(h)^2 + \mathrm{variance}(h)\end{aligned} \tag{2.1}$$

其中：固有噪声被纳入了偏差项，它表示任意学习算法在当前任务上的期望误差下限，偏差衡量了学习结果和真实目标之间的差距；方差衡量了使用相同大小不同数据集时学习结果的波动。类似于偏差-方差分解，许多解释集成学习的理论还有强度相关性[78]、随机判别[79]、边际理论[80]。通常情况，在 bagging 和 boosting 集成模式中，bagging 减少了基学习器的方差而 boosting 减少了基学习器的偏差。

2.1.2 统计、计算和表示

Dietterich[81]结合了统计(Statistical)、计算(Computational)和表示(Representational)三方面对集成学习进行了阐述,如图2.1所示。

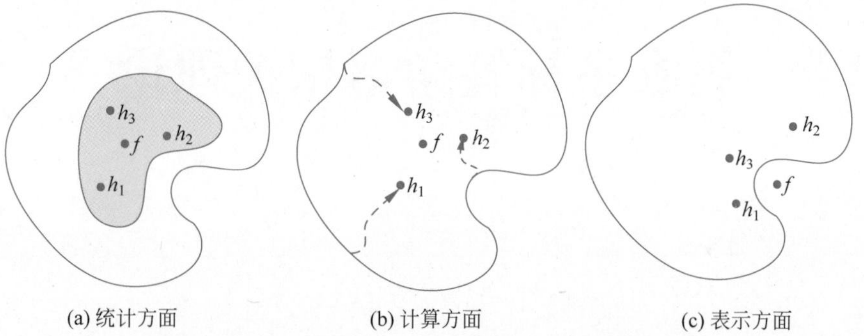

图2.1 Dietterich统计、计算和表示方面阐述集成学习

(1) 统计方面:学习模型是在搜索空间的多个假设中寻找最优假设的过程,通常情况,当假设空间非常大时,仅靠有限的训练集无法实现有效的搜索,当有多个不同的假设产生相同的预测结果时,若只从学习算法中选择一个,一旦误选将产生无法预测的未知风险,当联合这些假设时,集成学习将降低错选假设的风险。

(2) 计算方面:许多学习算法在搜索过程中经常会陷入局部最优解,当使用集成学习时,算法会从多个不同的起点出发进行局部搜索,降低了误选局部最优假设的风险,同时可以对真实的未知假设提供更好的近似。

(3) 表示方面:当真实假设不能被假设空间中的任意假设表示时,集成学习能够通过加权等技术有效拓展假设空间,使得学习算法能够获得真实假设的更为近似。

2.1.3 多样性

集成学习泛化能力强的一个主要原因是增加了基学习器的多样性,经典度量两个分类器多样性方法有成对度量和非成对度量[82],成对度量使用的方法有Q-统计、Kappa统计、双误度量等,非成对度量使用的方法有Kohavi-Wolpert方差、评分一致度、熵、通用多样性、同时失败度量等,当前使用较为频繁的是基于信息论多样性度量,因此从信息论多样性角度对集成多样性进行阐述。

令Y表示真实类别标记,集成学习的目的是通过结合预测函数g从T个分类器$\{C_1,C_2,\cdots,C_T\}$中恢复Y,其目的是最小化错误预测概率$p(g(C_{1:T})\neq Y)$。基于信息理论,Brown[83]将错误率界定为

$$\frac{\mathrm{Ent}(Y)-I(C_{1:T};Y)-1}{\log(|Y|)} \leqslant p(g(C_{1:T})\neq Y) \leqslant \frac{\mathrm{Ent}(Y)-I(C_{1:T};Y)}{2} \tag{2.2}$$

式中：Ent(Y)表示真实标记 Y 的熵，可以看出最大化互信息 $I(C_{1:T};Y)$可以最小化预测错误率。进一步，Brown[83] 基于交互互信息对 $I(C_{1:T};Y)$提出了一种扩展：

$$\begin{aligned} I(C_{1:T};Y) &= \underbrace{\sum_{i=1}^{T} I(C_i;Y)}_{\text{相关性}} + \underbrace{\sum_{k=2}^{T}\sum_{S_k\subseteq S} I(\{S_k \cup Y\})}_{\text{交互信息多样性}} \\ &= \underbrace{\sum_{i=1}^{T} I(C_i;Y)}_{\text{相关性}} - \underbrace{\sum_{k=2}^{T}\sum_{S_k\subseteq S} I(\{S_k\})}_{\text{冗余}} + \underbrace{\sum_{k=2}^{T}\sum_{S_k\subseteq S} I(\{S_k\}\mid Y)}_{\text{条件冗余}} \end{aligned} \tag{2.3}$$

式中：S_k 表示大小为 k 的集合；第一项 $\sum_{i=1}^{T} I(C_i;Y)$ 表示相关性，即每个分类器与真实类标签之间的互信息和，相关性越大表示分类器性能越好；第二项 $\sum_{k=2}^{T}\sum_{S_k\subseteq S} I(\{S_k\})$ 度量了所有分类器子集之间的相互依赖，与类标 Y 无关，是冗余的，该项越小越好；第三项 $\sum_{k=2}^{T}\sum_{S_k\subseteq S} I(\{S_k\}\mid Y)$ 度量了给定标记 Y 下学习器之间的相互依赖，称为“条件冗余”，该项越大分类器性能越好，该公式进一步分析了增加分类器多样性的重要性。

2.2　集成学习研究现状

集成学习[6-7]为解决许多机器学习任务提供了较好的解决方案，其基本思想是通过训练多个模型并结合它们的预测来提高单个模型的预测性能，不同于传统集成学习框架，如 bagging 模式、boosting 模式和 stacking 模式，最近基于深度神经网络的集成学习在提高学习系统泛化能力方面也表现出了优势[7]。因此本节从传统集成学习和深度集成学习两方面讨论集成学习的研究现状。

2.2.1　传统集成学习

通常情况下，机器学习方法主要由特征提取和模型训练两部分组成，集成学习主要是把多个基学习器通过某种集成策略集成以改进传统机器学习方法。如图 2.2 所示，传统集成学习主要由基学习器生成、集成学习模式和集成策略三部分组成。

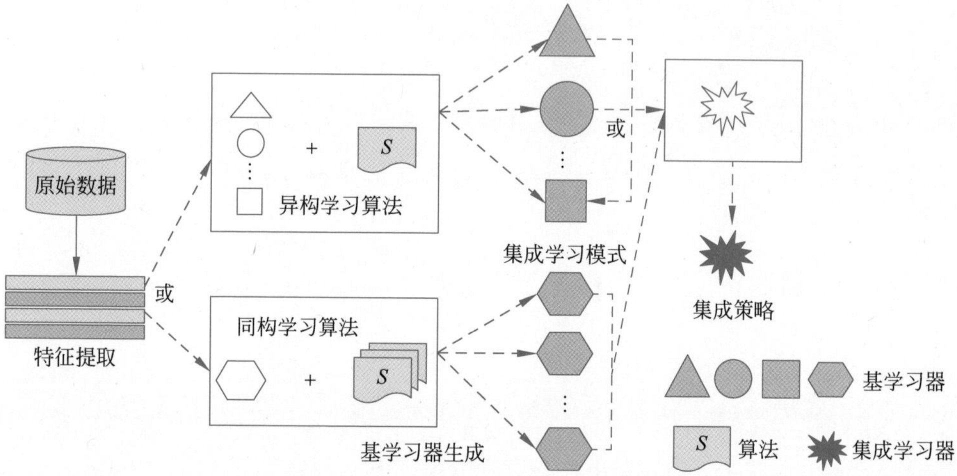

图 2.2 传统集成学习

1. 基学习器生成

为了构造具有更好性能的集成学习器，一般要求用于集成的基学习器应该具有足够的多样性，并且对单个基学习器的预测应该尽可能准确，常采用的基学习器如决策树(DT)[49]、人工神经网络(ANN)以及其他学习算法[50]，通常要求基学习器的性能至少应该优于随机的预测。一般情况，当使用不同的学习算法生成“异构”(Heterogeneous)基学习器，可以保证基分类器的多样性，而使用相同学习算法生成“同构”(Homogeneous)基学习器。在集成学习中，保证基学习器多样性就显得尤为重要。

2. 集成学习模式

如图 2.3 所示，集成学习模式大致可以分为三类。第一类集成模式是 Breiman 等[8]和 Freund 等[14]提出的学习策略——bagging 和 boosting，旨在通过对训练集进行不同方式处理产生不同的基学习器以保证基学习器的多样性。bagging 作为并行的集成方式，可以采用并行算法来加快模型训练，首先通过有放回的采样方式得到不同的训练样本，然后对每次采样得到的训练集训练产生不同的基分类器，最后集成相互独立的基学习器来减小泛化误差，也可以使用不相交的数据集，如 bagging 的变体 dagging[51]；boosting 作为串行的集成方式，它首先给训练数据的样本分配相同的权重，然后根据之前基学习器的表现对训练数据的样本重新加权关注较困难的样本，从而实现弱分类器到强分类器的集成，boosting 可解释为加性模型，有很多种变体，如 LogitBoost[52]、MadaBoost[53]、FilterBoost[54]、RobustBoost[55]等。第二类集成模式是 stacking[16]，通过训练学习器来集成基学习器的方法，其基本思想是使用原始数据训练基学习器(一级)，然后把它们的预测结果作为输入特征输入到元级分类器(二级),它可以看作多种集成方法的泛化,如 Super Learner[56]。第三类较为复杂的集成模式是基于网络集成,这种集成模式通常是动态的,与复杂的网络相关,如 SAE[57]和 SAE2[58],每个基学习器通过图或者网络连接起来,并且根据相似度函数进行加权,所有这些连接形成的网络会隔一段时间更新,以更好地逼近当前学习器的相似度状态,在预测的过程中,基学习器在相似分类器的子集中合并,然后这些子集的决策合并以获得最终的预测结果。

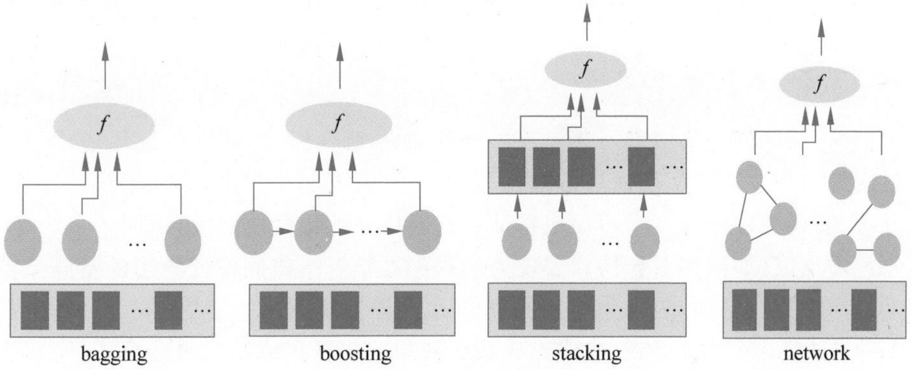

图 2.3 集成学习模式

3. 集成策略

集成学习最终需通过结合基学习器的结果来提升模型的泛化,因此集成策略显得尤为重要[59]。如图 2.4 所示,集成策略可归纳为多数投票(Majority voting)策略、加权多数投票(Weighted Majority)策略、排序(Rank)策略、分类器选择(Classifier selection)策略和关联投票策略(Relational)。多数投票策略假设每个分类器在整体决策中有相同的权重,最后的预测为大多数分类器预测的类标签,如在 bagging 中应用比较广;加权多数投票策略是根据分类器预测精度对分类器进行加权,产生不同的预测结果,如算法 Weighted Majority[60]、Dynamic Weighted Majority[61]、Weighted Ensemble Online Bagging[62]等;排序策略类似于加权投票,对每个基分类器产生的结果进行排序,统计排序最高的类标签,如基于排序投票的 Nearest Neighbor Ensemble[63]方法;分类器选择策略选择最"合适"的分类器来预测未知实例的类标签,选择可能发生在训练过程中,也可能是最后的预测,常见的算法有静态分类器选择和动态分类器选择[64];关联投票策略允许一组学习器间接地预测难于分类的实例类标签,它不是逐个地解释每个基分类器成员预测,而是将它们转换为最可能代表的类标签预测,如算法 SAE[57]、SAE2[58]、SFNC[65]从集成成员中提取关系生成网络,再按照其他投票策略进行投票。

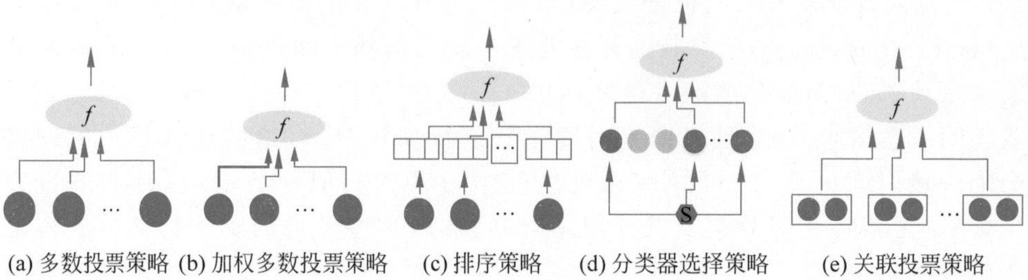

图 2.4 集成策略

2.2.2 深度集成学习

目前,深度网络集成学习还没有一个明确的划分标准,基于传统集成学习,深度集成学习主要从三个层面进行演化(图 2.5):一是特征层面,不同于传统特征提取方法,表现为使用深度学习提取特征;二是基分类器生成层面,不同于传统集成基分类器生成(如同构或异构),表现为使用深度学习生成同构或异构的基分类器;三是学习器集成层面,表现为使用深度学习代替传统方法的集成。本节根据网络有无共享参数,从显式集成、隐式集成两个视角对深度集成结构进行概述。在显式集成中,模型参数不共享,集成输出被视为集成模型通过不同的集成策略(如多数投票、平均等)的预测组合,典型网络结构有 Snapshot ensembling[66];在隐式集成中,模型参数是共享的,在测试阶段网络的输出近似多个集成模型的平均,典型有 Dropout[67]。

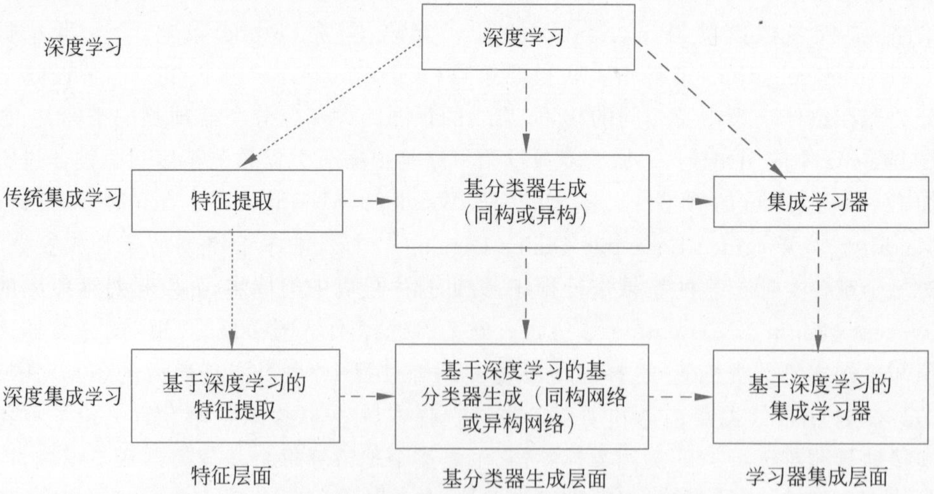

图 2.5 深度集成学习三个层面演化

1. 显式集成

显式集成不共享网络参数，如随机向量函数链接网络[68]通过对隐藏层权值使用不同的随机初始化，实现模型的预测多样性。Snapshot ensembling[66]，通过使用随机梯度下降(SGD)沿优化路径收敛 m 次至局部最小值，模型集成平均输出多个局部最小值，是一种不共享权值的显式集成框架。该模式集成是一种经常使用的集成范式，如图 2.6 所示。通常使用异构网络进行集成，如不同的表征结构CNN 和 RNN 的集成。该模式集成存在两个主要的问题：一是预测不一致。由于不同模型输出不同的预测结果，选择合适的集成策略对不同模型输出结果进行集成是关键。二是模型性能方差的差异。由于不同模型结构，存在高质量但低确信度的模型，也存在高确信度但低质量的模型，最终结果可能被高确信度但低质量的模型所误导，使得最终性能下降。

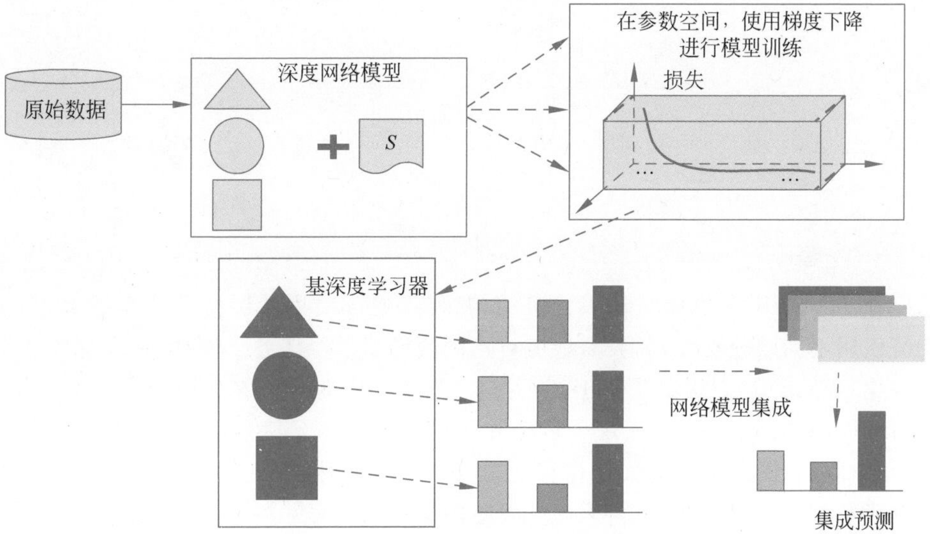

图 2.6　深度显式集成

2. 隐式集成

Dropout 通过在网络训练过程中随机剔除网络中的隐藏节点来创建集成网络，在测试阶段所有节点都被激活。Dropout 提供了网络的正则化，以避免过拟合，因为它训练了具有共享权重不同数量的模型，并在测试期间提供了一个隐式的网络集成，其他模型如 DropConnect[69]、Stochastic depth[70]、Swapout[71]等。自集成通过使用网络不同阶段的输出实现参数的集成，如 Temporal Ensemble[72]，通过利用网络不同阶段的输出对未知标签形成集成预测，这种集成可以看作网络对最近训练时期输出最好的预测，如图 2.7 所示。为了能学到性能好但参数量小的模型，Hinton 等首次提出了“知识蒸馏”[73]的概念，旨在将知识从大的教师网络迁移到小型学生网络。通常情况下，教师网络基于集成比学生网络复杂，学生网络只使用少量的参数学习教师网络软目标知识，从某种意义上讲知识蒸馏是一种隐式参数上的集成。

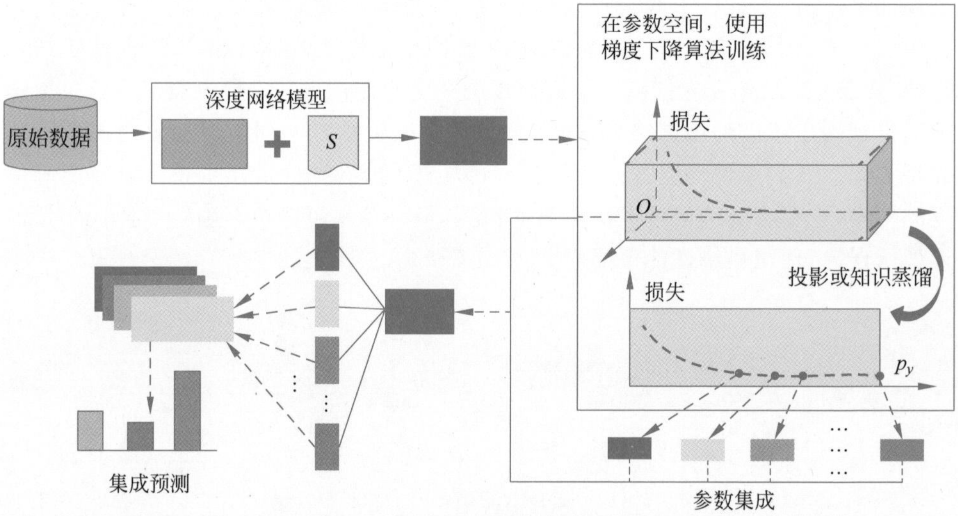

图 2.7 深度隐式集成

在实际应用中，网络呈现多分支结构特点，通常模型低层特征共享参数，高层特征使用不同的分支结构，灵活地应对不同的机器学习任务。例如，在多标签学习任务中，Wang 等[34]提出了基于 CNN 和 RNN 集成的多标签图像分类方法，Chen 等[74]联合 CNN 和 RNN 实现了多标签文本分类，Liu 等[75]应用知识蒸馏提出了基于目标级和图像级的弱标记多标签分类方法。当然，深度网络的集成也自然地带来了空间和时间上的开销，因此开发适用于特定场合的深度集成模型，需要考虑多方面的因素以达到最优的效果。

2.3 需要考虑的两个问题

无论是传统集成方法，还是深度集成方法，当应用于多标签学习任务时，主要是在问题转化方法和自适应算法基础上进行方法的集成，但在集成过程中，由于多标签之间复杂的标签依赖关系，需要考虑两方面的问题。

问题 1：是使用真实的标签信息，还是使用预测标签信息？

假设 $n=6, p=3, m=3$，设 C_k^{True} 和 C_k^{Pred} 分别表示真实标签信息和预测标签信息，为了利用标签之间的特征信息，真实标签 y_3 应该加入特征空间中训练 C_1^{True}

预测 y_1，也可以把预测标签 $\hat{y}_3$ 加入特征空间中训练 C_1^{Pred} 预测 y_1，如图 2.8 所示。

x_1	x_2	x_3	y_3	y_1
			0	
			1	
			0	
			1	
			0	
			0	

(a) 真实标签y_3加入特征空间中训练C_1^{True}预测y_1

x_1	x_2	x_3	$\hat{y}_3$	y_1
			1	
			0	
			0	
			0	
			0	
			1	

(b) 预测标签$\hat{y}_3$加入特征空间中训练C_1^{Pred}预测y_1

图 2.8　问题 1 描述

为了得到 y_3 和 $\hat{y}_3$，需要使用一级分类器对训练集进行训练，整个过程可使用交叉验证来实现，通过使用不同的方式训练可以得到不同的分类器，但使用 C_k^{True} 和 C_k^{Pred} 是否有效，需要根据不同的问题确定。

以往多标签学习算法对标记关系的利用方式大体可以分为两类：一类是依赖外部知识源，要求用户输入标记关系，作为先验知识告诉算法。在这类方法中，如果用户能够给出准确的标记关系，往往能够取得较好的效果。然而，在许多实际情况中用户很难获取准确的标记关系，这大大制约了该类方法的应用范围。另一类是直接从训练数据中统计各个标记的共现频率或类似指标，并将其作为标记关系，认为共同出现频率越高的标记，其之间关系越强烈。这种简单的方法先从训练数据统计频率，又将其直接应用于学习训练数据，往往容易导致模型过拟合。因此，在不要求用户输入先验的情况下，如何自动而有效地利用标记之间的关系成为多标记学习中亟待解决的问题。

问题 2：是使用全局条件，还是使用局部条件？

设所有的标签集合 $Z=\{z_1,z_2,\cdots,z_m\}$，若预测标签 z_k，余下的所有标签集合 $\{z_1,z_2,\cdots,z_{k-1},z_{k+1},\cdots,z_m\}$ 可作为预测 z_k 的全局条件，也可以是部分集合标签作为预测 z_k 的局部条件，该结构可以表示为

$$P(\boldsymbol{y}^{(i)} \mid \boldsymbol{x}^{(i)})=\prod_{k=1}^{m} P(y_k^{(i)} \mid \boldsymbol{x}^{(i)}, y_1^{(i)},\cdots,y_{k-1}^{(i)}) \tag{2.4}$$

很多集成多标签学习方法是基于局部条件的，如集成多标签分类器链[9]算法，或者基于全局条件的，如集成多标签 stacking[16] 算法。如何有效地利用标签之间的依赖关系，对提高多标签学习的性能很有帮助。

以往多标签学习方法在利用标记之间关系时，假设标记之间的关系对所有样本都是有帮助的，从而将标记关系全局地用在所有训练样本上，然而这种全局性的

假设往往过于强烈。在许多实际任务中，某种标记关系可能只对某一部分样本是有帮助的，而对于其他样本是无用甚至有害的。如果将这些局部适用的标记关系全局地利用到所有训练样本上，不仅不能对提高多标签学习的性能有帮助，反而有损害学习性能的风险。因此，如何基于标记关系局部适用的特点自动地将标记关系利用在合适的一部分样本上，从而排除标记关系的不利影响，也是多标签学习需要关注的问题。

2.4 集成多标签学习方法

本节主要根据2.3节提出的多标签学习存在的问题，基于集成学习相关理论，讨论五种不同场景下集成多标签学习方法，即基于加权堆叠选择集成的传统多标签学习、基于流形子空间集成的不完全多标签学习、基于不同表征网络集成的极端多标签学习、基于自蒸馏集成的长尾多标签学习和基于多模态知识集成的开放词多标签学习。

1. 基于加权堆叠选择集成的传统多标签学习

当前，大多数传统的多标签集成方法主要根植于 bagging 和 boosting 的集成框架，而基于 stacking 的集成算法相对较少被探索，这些集成方法在实践中存在两个局限：一是当前的集成策略普遍倾向于采用简单的投票或加权投票机制作为最终决策，这种方法往往忽视了不同分类器性能差异对集成效果的影响，缺乏对分类器选择集成策略的深入考量。二是没有考虑标签之间成对的局部依赖关系。为了解决这些问题，本书提出了一种基于 stacking 模式的加权堆叠选择集成(MLWSE)算法。MLWSE 算法采用加权选择和堆叠集成，不仅降低了集成带来的时间开销，而且在多标签分类任务中取得了较好的性能。在二维(2D)的仿真数据集、Benchmark 基准数据集、真实的心脑血管疾病数据集上展开实验，从鲁棒性、参数敏感性、收敛性等角度分析提出算法的性能。

2. 基于流形子空间集成的不完全多标签学习

随着标签数量的增加，标注的多标签数据集大多呈现标签缺失现象，使得传统的多标签学习方法不能很好地适用。为补全缺失标签，理论已经出示了矩阵补全方法，其能有效实现对缺失数据的补全[84-85]。然而，当前基于矩阵补全的多标签学习方法存在两个缺点：一是未很好地利用特征辅助信息，即不同的流形子空间特征结构；二是当前广泛应用的矩阵补全方法大多仅考虑了标签集缺失问题，这种单一维度的处理方式极大地限制了传统方法在实际应用中的灵活性和有效性，显示出其固有的局限性。为了解决这些问题，本书提出了一种基于流形子空间集成的不完全多标签学习(BDMC-EMR)算法。BDMC-EMR 算法主要由联合共嵌入不完全多标签学习、共享的标签嵌入和集成流形正则嵌入三部分组成。它不仅可以很好地利用特征辅助信息，而且在直推式[86]的不完全多标签学习和归纳式[87]的不完全多标签学习两个方面取得了较好的性能。

3. 基于不同表征网络集成的极端多标签学习

极端多标签学习和传统多标签学习的主要区别是标签量巨大，当前主要应用领域为极端多标签文本分类，如 Wikipedia 标注任务标签数量上百万，使得传统多标签学习不能适用，且存在的解决极端多标签文本分类任务的深度网络主要有两个缺点，一是未同时性考虑词、短语、标签三者之间的交互注意力，二是巨大的标签空间带来了数据稀疏和可扩展性问题。为解决这些问题，本书把极端多标签学习分为中间量级别(100～30000)和极端量级别(百万)。针对中间量级别，本书提出了基于 CNN 和 RNN 不同表征能力的自适应空时表征集成框架 HybridRCNN，该算法集成了词、短语、标签三者之间交互注意力，有效地提升了分类器对极端多标签的判别能力，但该方法仅能适应中间量级。针对极端量级别，本书提出了基于不同 Transformer 表征能力的集成 Transformer 多视图表征框架 Multi-V-Transformer，该算法通过对巨量标签进行聚类来缓解标签量巨大带来的可扩展性问题，并且通过多视图注意力表征、极端多标签聚类学习和约简标签集嵌入学习来提升模型的泛化性能。另外，针对不同标签量级，本书提出的 HybridRCNN 和 Multi-V-Transformer 框架可以互补使用，并且大量实验表明提出的方法在极端多标签文本分类任务中具有较好的性能。

4. 基于自蒸馏集成网络的长尾多标签学习

当标签量巨大时，标签呈现出长尾分布态势，存在的传统方法主要基于重采样策略[88-89]和重加权策略[90-91]，然而这些方法都是次优的。最近处理长尾分布较好的方法主要有：一是基于两阶段解耦训练方法[92-93]，即表征学习阶段和分类器训练阶段；二是基于多阶段知识迁移训练，尽管这种方法已经取得了不俗的成效，但它同样存在一些明显的缺点：一是由于多阶段训练流程，当面对庞大的多标签数据集时，这种流程会导致模型训练的成本显著增加，并且耗费大量时间；二是由于多标签场景中标签的频繁共现现象以及负标签的广泛存在，导致了极度的长尾不平衡问题。当前的方法往往未能充分关注头类(常见类别)与尾类(罕见类别)之间的知识传递与交互，从而加剧了处理多标签长尾分布问题的难度。为解决这些问题，本书提出了基于自蒸馏集成网络的长尾多标签学习框架 OLSD，该算法基于累积学习策略同时考虑了表征学习和分类器学习两个阶段，通过采用监督的平衡自蒸馏向导的知识迁移损失，同时考虑了从头到尾和从尾到头的知识迁移，只需要一阶段训练，就能取得相较于多阶段模型的训练精度，但该方法仅限于监督学习任务。为进一步考虑自监督学习任务，基于对比学习，本书提出了双学生共同学习的自监督表征蒸馏框架 DS-SED,该算法旨在从大型的表征网络模型中蒸馏知识,提升小型表征网络的表征能力,不仅弥补了 OLSD 表征学习阶段的应用局限,而且在下游 Many-shot 和 Few-shot 任务、长尾可视化识别任务、目标检测及语义分割任务上验证了提出方法的有效性。另外,针对不同的学习任务,本书提出的 OLSD 和 DS-SED 框架可以互补使用,DS-SED 可以为两阶段解耦训练第一阶段表征学习提供强有力表征。

5. 基于多模态知识集成的开放词多标签学习

人类每天产生大约 2.5EB 的数据,以应对大数据带来的多标签学习的重大挑战。然而,在现实世界中,多标签识别系统经常面临着看不见标签的挑战,使得模型泛化性能较差。为了识别这些看不见的标签,本书提出了一种多模态知识集成的开放词多标签学习框架,该方法利用了基于视觉和语言预训练 CLIP 模型的图像-文本对的多模态知识,以解决开放词多标签学习问题。

2.5 本书组织结构

本书根植于集成学习理论基础,提出了一系列针对多标签学习场景的集成算法。这些算法包括采用加权堆叠选择集成策略优化传统多标签学习、利用流形子空间集成技术应对不完全多标签学习难题、通过集成不同表征网络以增强极端多标签学习的处理能力、引入自蒸馏集成网络提升长尾多标签学习的泛化性能,以及借助多模态知识集成方法,实现开放词汇环境下的灵活多标签学习。这些算法不仅丰富了多标签学习的理论体系,也为实际应用提供了强有力的技术支持。本书组织结构如图 2.9 所示。

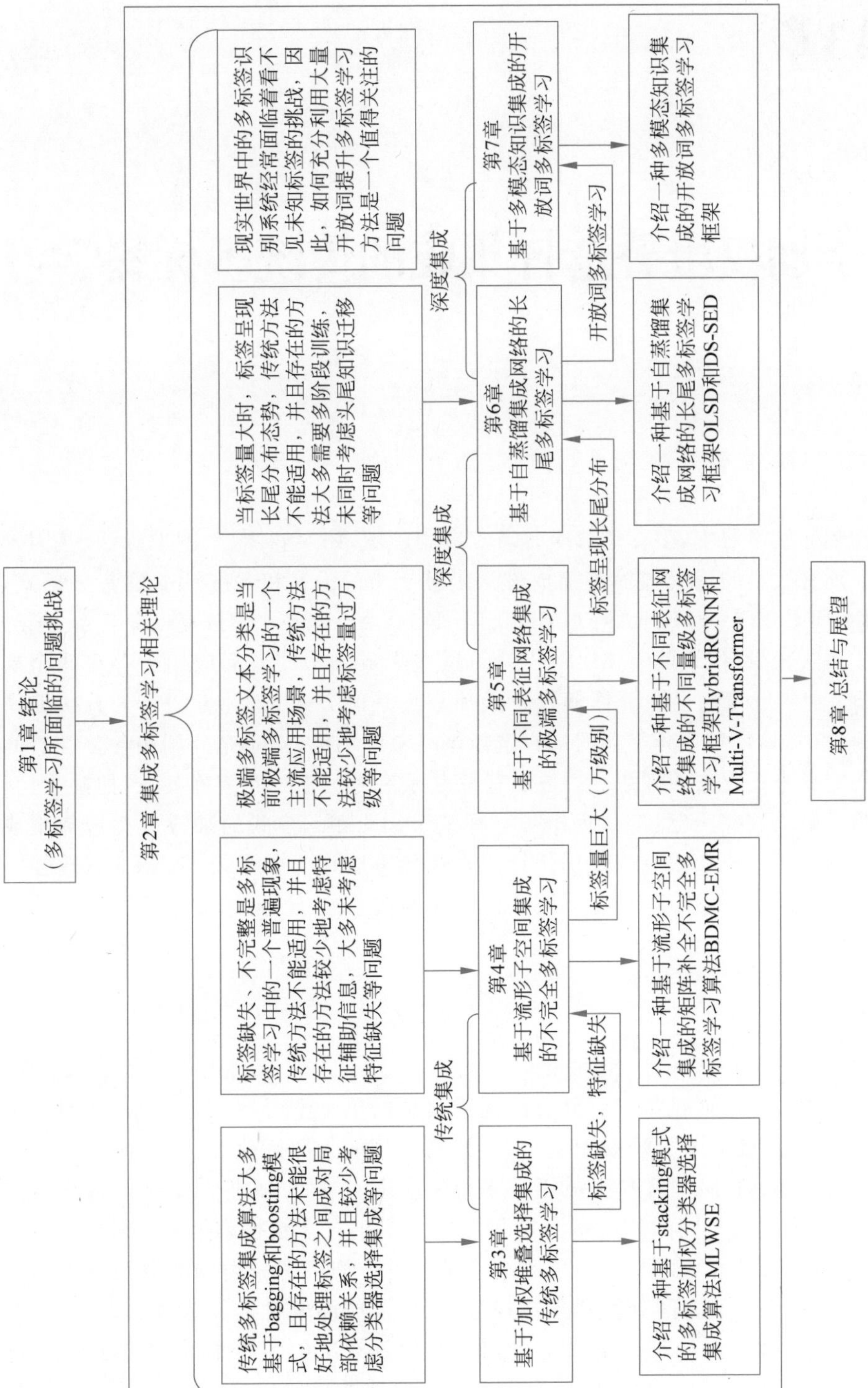
第1章 绪论
（多标签学习所面临的问题挑战）
第2章 集成多标签学习相关理论
传统多标签集成算法大多基于bagging和boosting模式，且存在的方法未能很好地处理标签之间或对局部依赖关系，并且较少考虑分类器选择集成等问题
标签缺失、不完整是多标签学习中的一个普遍现象，传统方法不能适用，并且存在的方法较少地考虑特征辅助信息，大多未考虑特征缺失等问题
极端多标签文本分类是当前极端多标签学习的一个主流应用场景，传统方法不能适用，并且存在的方法较少地考虑标签量过万级等问题
当标签数量巨大时，标签呈现长尾分布态势，传统方法不能适用，并且存在的方法大多需要多阶段训练，未同时考虑头尾知识迁移等问题
现实世界中的多标签识别系统经常面临着看不见未知标签的挑战，因此，如何充分利用大量开放词提升多标签学习方法是一个值得关注的问题
传统集成
深度集成
深度集成
第3章
基于加权堆叠选择集成的传统多标签学习
第4章
基于流形子空间集成的不完全多标签学习
第5章
基于不同表征网络集成的极端多标签学习
第6章
基于自蒸馏集成网络的长尾多标签学习
第7章
基于多模态知识集成的开放词多标签学习
标签缺失，特征缺失
标签量巨大（万级别）
标签呈现长尾分布
开放词多标签学习
介绍一种基于stacking模式的多标签加权分类器选择集成算法MLWSE
介绍一种基于流形子空间集成的矩阵补全不完全多标签学习算法BDMC-EMR
介绍一种基于不同表征网络集成的不同量级多标签学习框架HybridRCNN和Multi-V-Transformer
介绍一种基于自蒸馏集成网络的长尾多标签学习框架OLSD和DS-SED
介绍一种多模态知识集成的开放词多标签学习框架
第8章 总结与展望

图 2.9 本书组织结构

第3章

基于加权堆叠选择集成的传统多标签学习

在多标签学习中，多标签分类是重点应用领域，如疾病诊疗、图像标注、基因预测等。现有大量的传统多标签集成方法是基于 bagging 和 boosting 的集成模式，如 EBR、ELP、ECC、EPS、RAkEL、CDE、RF-PCT、AdaBoost. MH 等，基于 stacking 的集成算法较少，代表的有 MLS。然而，这些集成方法在实际应用中存在两个局限：一是在集成策略上主要依赖投票或加权投票的方式，这种方法较为直接但缺乏灵活性，尤其是对于分类器的加权选择策略考虑不足，未能充分利用各分类器间的性能差异来优化集成效果；二是没有考虑标签之间成对的依赖关系，如共生、互斥。为了解决这些问题，本章提出了一种基于 stacking 模式的加权堆叠选择集成算法 MLWSE。该算法可以使用任意的多标签方法作为基学习器，其具有较强的扩展性，而且大量的实验表明了该算法在多标签分类任务中取得了显著的效果提升。

3.1 引言

集成学习算法通过将来自异质或同质模型的单个学习器结合起来，获得一个集成的学习器，能有效处理模型过拟合，提高模型的学习泛化性，广泛应用于多个领域。近年来，许多集成方法被用作多标签分类任务的基准[94]，它们通常采用 bagging 方案生成不同的分类器作为集成成员，并通过多数投票策略获得最后的集成结果。在测试阶段，每个类的预测结果是通过平均每个分类器的置信度来确定的，而没有考虑标签之间分类器选择权重，忽略了局部成对标签依赖关系的影响。尽管堆叠集成方法 stacking 在许多学习任务中具有出色的性能，但也忽视了局部标签之间的依赖关系。MLS[17]可以视为堆叠集成技术的代表，它首先为每个标签训练独立的二值分类器(一级),然后将它们的预测作为元级学习模型的输入,最后利用共识函数(元级分类器)对多个标签进行堆叠集成,得到最终的预测结果。虽然 MLS 在元级层上考虑了标签间的全局相关性,但仍然忽略了局部成对标签依赖关系的影响,此外,现有的堆叠集成方法也没有考虑分类器的选择权重。

为了解决上述问题,我们同时利用加权堆叠集成和成对标签依赖关系的优点,提出了一种加权分类器选择和堆叠集成的多标签分类算法 MLWSE。在 MLWSE 中,对于不同的类标签,给每个基分类器赋予不同的权重,即任何两个强相关的类标签都比两个不相关或弱相关的类标签具有较高的相似权重。与现有的堆叠集成方法不同,MLWSE 不仅利用稀疏正则实现了分类器选择和集成,而且学习到了标签元级的特别特征。本章可以概括如下:

(1) 本章介绍一种基于 stacking 的多标签分类加权堆叠选择集成算法 MLWSE,该结构采用稀疏正则化方法进行分类器选择和堆叠集成,并可以使用任意的多标签方法作为基学习器,该算法具有较强的扩展性。

(2) MLWSE 算法同时利用了分类器权重和成对标签关联来选择标签元级特别特征,可以当作一种标签元级特别特征选择方法。

(3) MLWSE 算法在二维仿真数据、13 个 Benchmark 基准数据集和真实的心脑血管疾病数据集上进行了实验验证,MLWSE 算法具有较强的鲁棒性和有效性。

3.2 问题描述

在多标签分类中,令$\mathcal{X}=\mathbb{R}^d$表示 d 维的输入空间,$\mathcal{Y}=\{y_1,y_2,\cdots,y_l\}$表示有 l 个类的类标空间,$\mathcal{D}=\{(\boldsymbol{x}_i,\boldsymbol{y}_i)\mid 1\leqslant i\leqslant n\}$表示有 n 个实例的训练集。对每个多标签样本$(\boldsymbol{x}_i,\boldsymbol{y}_i)$,$\boldsymbol{x}_i=[x_{i1},x_{i2},\cdots,x_{id}]\in\mathcal{X}$表示 d 维的特征向量,$\boldsymbol{y}_i=[y_{i1},y_{i2},\cdots,y_{id}]$表示 $\boldsymbol{x}_i$ 的真实类标,当标签 y_j 属于 $\boldsymbol{x}_i$ 时,$y_{ij}=1$;否则,$y_{ij}=0$。多标签学习的任务是从训练集$\mathcal{D}$中学习一个映射关系 $h:\mathcal{X}\rightarrow 2^{\mathcal{Y}}$。在测试阶段,对看不见的样本 $\boldsymbol{x}\in\mathcal{X}$,多标签分类器 h 的预测 $h(\boldsymbol{x})\subseteq\mathcal{Y}$可以当作样本 $\boldsymbol{x}$ 的近似。标记输入数据作为矩阵 $\boldsymbol{X}=[\boldsymbol{x}_1,\boldsymbol{x}_2,\cdots,\boldsymbol{x}_n]^{\mathrm{T}}\in\mathbb{R}^{n\times d}$,输出作为标签矩阵 $\boldsymbol{Y}=[\boldsymbol{y}_1,\boldsymbol{y}_2,\cdots,\boldsymbol{y}_n]^{\mathrm{T}}\in\mathbb{R}^{n\times l}$。

对于 $n\times d$ 的矩阵$\boldsymbol{A}=[A_{i,j}]$,其中 $i\in\{1,2,\cdots,n\}$,$j\in\{1,2,\cdots,d\}$;用$\boldsymbol{A}^{\mathrm{T}}$表示 $\boldsymbol{A}$ 的转置矩阵;$\mathrm{tr}(\boldsymbol{A})=\sum_{i=1}^{n}A_{i,i}$ 表示 $\boldsymbol{A}$ 的迹;$\|\boldsymbol{A}\|_{\mathrm{F}}=\sqrt{\sum_{i=1}^{n}\sum_{j=1}^{d}A_{i,j}^2}$ 表示 Frobenius 范数;对于任意一个向量 $\boldsymbol{a}=[a_1,a_2,\cdots,a_n]^{\mathrm{T}}$,$l_2$-norm 表示为 $\|\boldsymbol{a}\|_2=\sqrt{\sum_{i=1}^{n}a_i^2}$,$l_1$-norm 表示为 $\|\boldsymbol{a}\|_1=\sum_{i=1}^{n}|a_i|$。

如图 3.1 所示，加权的堆叠集成最小化加权的预测得分 $\boldsymbol{Sw}$ 和真实的目标向量 $\boldsymbol{y}$ 之间的欧几里得距离可描述为

$$\min_{w}\|\boldsymbol{y}-\boldsymbol{Sw}\|_2^2 \tag{3.1}$$

式中：$\boldsymbol{S}$ 为预测的得分矩阵，$\boldsymbol{w}$ 为加权向量，$\boldsymbol{y}$ 为给定数据点的真实目标向量。

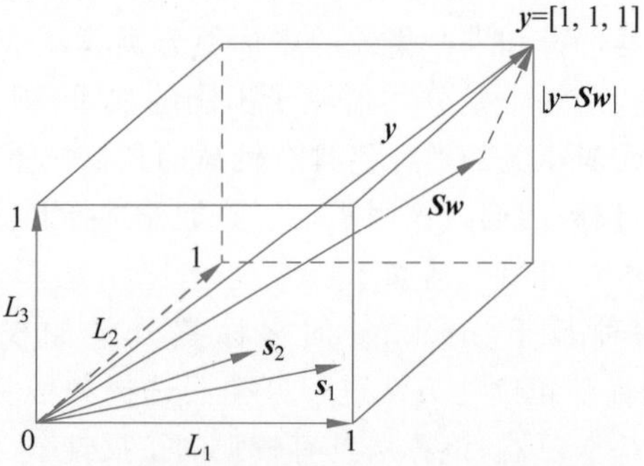

图 3.1　加权选择集成的三维超立方体(目的是最小化预测得分 Sw 和目标向量 y 之间的欧几里得距离)

3.3　MLWSE 算法设计

根据式(3.1)提出的 MLWSE 算法主要分为四个步骤：一是加权的堆叠集成；二是基于稀疏正则化的分类器选择；三是标签依赖关系的建模；四是多标签的预测。

3.3.1　加权的堆叠集成

在具有置信度输出的分类器集成问题中，集成过程是将基分类器获得的属于不同标签的预测分数作为元级分类器的输入。令 s_j^k 表示第 k 个分类器对第 j 个标签的预测得分，则 $\boldsymbol{s}^k=[s_1^k,s_2^k,\cdots,s_l^k]^{\mathrm{T}}$ 表示分类器 k 为所有标签的预测得分，那么集成所有基分类器输入表示为 $s=[\boldsymbol{s}^1|\boldsymbol{s}^2|\cdots|\boldsymbol{s}^m]$，其中 m 表示分类器个数，则最后的置信度得分矩阵 $\boldsymbol{S}=[s_{ij}^k]$表示为

$$\boldsymbol{S}=\begin{bmatrix} \overbrace{s_{11}^1 & s_{12}^1 & \cdots & s_{1l}^1}^{s^1} & \cdots & \overbrace{s_{11}^k & s_{12}^k & \cdots & s_{1l}^k}^{s^k} & \cdots \\ s_{21}^1 & s_{22}^1 & \cdots & s_{2l}^1 & \cdots & s_{21}^k & s_{22}^k & \cdots & s_{2l}^k & \cdots \\ \vdots & \vdots & \ddots & \vdots & \ddots & \vdots & \vdots & \ddots & \vdots & \cdots \\ s_{n1}^1 & s_{n2}^1 & \cdots & s_{nl}^1 & \cdots & s_{n1}^k & s_{n2}^k & \cdots & s_{nl}^k & \cdots \end{bmatrix}$$

在 stacking 集成模式中，元级集成被定为一种映射 $g:\mathbb{R}^{m\times l}\to\mathbb{R}^{l}$，也就是说，元级分类器最终的目的是使用新产生的数据集 $\{\{(\boldsymbol{s}^{i},y_{ij})\}_{j=1}^{l}\}_{i=1}^{n}$ 学习函数 g，结合式(3.1)，目标函数被最小化为

$$g(\boldsymbol{w}^{1},\boldsymbol{w}^{2},\cdots,\boldsymbol{w}^{m})=\sum_{i=1}^{n}\sum_{j=1}^{l}\Big(\sum_{k=1}^{m}(s_{ij}^{k}w_{j}^{k}-y_{ij})\Big)^{2} \tag{3.2}$$

式中：w_{j}^{k} 表示分类器 k 为标签 j 的权重，且 $\boldsymbol{w}^{k}=[w_{1}^{k},w_{2}^{k},\cdots,w_{l}^{k}]$ 是分类器 k 的权重向量。令 $\boldsymbol{W}_{j}=[\boldsymbol{w}_{j}^{1}\mid\boldsymbol{w}_{j}^{2}\mid\cdots\mid\boldsymbol{w}_{j}^{m}]^{\mathrm{T}}$ 表示所有分类器为 j-th 个标签的联合权重向量，$\boldsymbol{Y}_{j}=[y_{1j},y_{2j},\cdots,y_{nj}]^{\mathrm{T}}$ 表示在标签空间 $\boldsymbol{Y}$ 中标签的第 j 列（$1\leqslant j\leqslant l$），基于产生的置信度的得分矩阵，式(3.2)可进一步表示为

$$\min_{\boldsymbol{W}_{j}}\frac{1}{2}\|\boldsymbol{S}\boldsymbol{W}_{j}-\boldsymbol{Y}_{j}\|_{2}^{2} \tag{3.3}$$

3.3.2　基于稀疏正则的分类器选择

在式(3.3)中，产生的置信度得分矩阵 $\boldsymbol{S}$ 也许包含对标签无帮助且不相关的预测信息，因此不同的分类器对不同的标签应该分配不同的权重。为实现分类器的选择，通过增加稀疏正则保证权重稀疏，以阻止堆叠集成联合所有的分类器。使用稀疏正则的一个好处是它能自动完成选择，因此通过使用 l_1-norm 正则(Lasso)[95] 为每个权重向量 $\boldsymbol{W}_{j}$，式(3.3)可进一步描述为

$$\min_{\boldsymbol{W}_{j}}\frac{1}{2}\|\boldsymbol{S}\boldsymbol{W}_{j}-\boldsymbol{Y}_{j}\|_{2}^{2}+\alpha\|\boldsymbol{W}_{j}\|_{1} \tag{3.4}$$

式中：α 为正则参数。通过把所有的二值分类器联合，式(3.4)可写为

$$\min_{\boldsymbol{W}}\frac{1}{2}\|\boldsymbol{S}\boldsymbol{W}-\boldsymbol{Y}\|_{F}^{2}+\alpha\|\boldsymbol{W}\|_{1} \tag{3.5}$$

如果 $w_{j}^{k}=0$，那么表示 k-th 个分类器被排除且没有影响对 j-th 个标签。在 l_1-norm 中不是所有的 w_{j}^{k} 都是零，也就意味着所选分类器对某些标签的信息不能被有效利用。如图 3.2 所示，组稀疏 Lasso 不仅考虑了分类器之间的稀疏，而且考

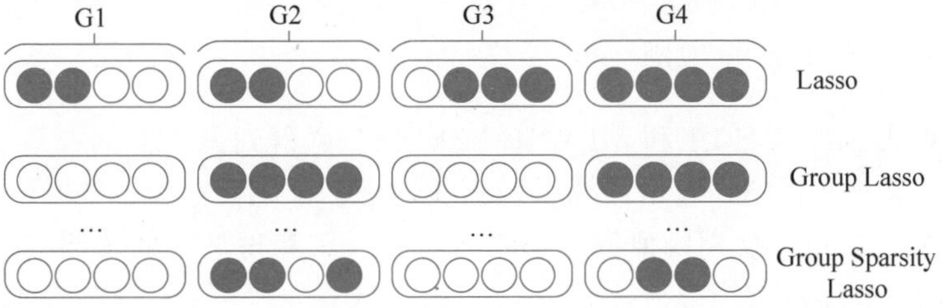

图 3.2　Lasso、Group Lasso 和 Group Sparsity Lasso 比较

虑了分类器内部之间的稀疏，综合了 Lasso 和 Group Lasso 的优点，最终基于 Group Sparsity Lasso，MLWSE 可以表示为

$$\min_{\boldsymbol{W}} \frac{1}{2}\|\boldsymbol{SW}-\boldsymbol{Y}\|_F^2+\alpha\lambda\|\boldsymbol{W}\|_1+(1-\alpha)\lambda\sum_{k=1}^{m}c_k\|\boldsymbol{W}_{G_k}\|_2 \tag{3.6}$$

式中：$\alpha\in[0,1]$，用于正则 Lasso 和 Group Lasso；λ 控制了稀疏度；c_k 为 k-th 组 $\boldsymbol{W}_{G_k}$ 的权重，是一种先验为 k-th 分类器选择的贡献，实验中设置 $c_k=\sqrt{l}$。

3.3.3 标签依赖关系的建模

在多标签分类任务中，标签依赖关系是至关重要的，正如多任务学习[97]，任务和模态之间存在着依赖关系。若标签 y_j 和 y_k 是强相关的，则分类器分类标签 y_j 有高的概率分类 y_k。换句话说，如果两个标签 y_j 和 y_k 是强相关的，那么权重向量对($\boldsymbol{W}_j,\boldsymbol{W}_k$)应该有高的相似；否则，应该有低的相似。通过在标签空间重建一个图$<V,E>$，V 表示标签的集合，E 表示每对标签之间的边集合，给定标签相关矩阵 $\boldsymbol{R}$ 在 E，建模标签的依赖关系能被最小化为下式：

$$\frac{1}{2}\sum_{j=1}^{l}\sum_{k=1}^{l}\|\boldsymbol{W}_j-\boldsymbol{W}_k\|^2R_{jk}=\mathrm{tr}(\boldsymbol{W}(\boldsymbol{D}-\boldsymbol{R})\boldsymbol{W}^{\mathrm{T}})=\mathrm{tr}(\boldsymbol{WHW}^{\mathrm{T}}) \tag{3.7}$$

式中：$\boldsymbol{H}=\boldsymbol{D}-\boldsymbol{R}$ 为图的拉普拉斯矩阵，$\boldsymbol{D}$ 为对角矩阵，$D_{ii}=\sum_{j=1}^{n}R_{ij}$；$R_{jk}$ 为标签 y_j 和 y_k 之间的相似度，本书使用余弦相似度计算标签相关性矩阵。

联立式(3.5)和式(3.7)，基于 Lasso 的 MLWSE-L1 可表示为

$$\min_{\boldsymbol{W}} \frac{1}{2}\|\boldsymbol{SW}-\boldsymbol{Y}\|_F^2+\alpha\|\boldsymbol{W}\|_1+\frac{\beta}{2}\mathrm{tr}(\boldsymbol{WHW}^{\mathrm{T}}) \tag{3.8}$$

联立式(3.6)和式(3.7)，基于 Group Sparsity Lasso 的 MLWSE-L21 可表示为

$$\min_{\boldsymbol{W}} \frac{1}{2}\|\boldsymbol{SW}-\boldsymbol{Y}\|_F^2+\alpha\lambda\|\boldsymbol{W}\|_1+(1-\alpha)\lambda\sum_{k=1}^{m}c_k\|\boldsymbol{W}_{G_k}\|_2+\frac{\beta}{2}\mathrm{tr}(\boldsymbol{WHW}^{\mathrm{T}}) \tag{3.9}$$

3.3.4 多标签的预测

使用算法 MLWSE-L1 和 MLWSE-L21 之后，可得到分类器的权重矩阵 $\boldsymbol{W}^*$。当给定使用特征矩阵 $\boldsymbol{X}^*$ 表示的测试数据集时，使用不同的基分类器生成置信度得分矩阵 $\boldsymbol{S}^*$，则可以使用阈值符号函数 $\mathrm{sign}:\mathcal{X}\to\mathbb{R}$ 获得最后的预测结果(实验中阈值 τ 设置为 0.5)：

$$\mathrm{sign}(\boldsymbol{S}^*\boldsymbol{W}^*,\tau)=\begin{cases}1, & \boldsymbol{S}^*\boldsymbol{W}^*\geqslant\tau\\0, & \text{其他}\end{cases} \tag{3.10}$$

3.4 MLWSE算法优化

尽管式(3.8)和式(3.9)是两个凸的优化问题，由于使用l_1-norm正则化，目标函数是非平滑的，本节使用加速的近端梯度下降[98-99]和块坐标下降[100]算法来优化MLWSE-L1和MLWSE-L21。

3.4.1 MLWSE-L1优化

通常情况下，加速的近端梯度可描述为下面的凸优化问题[99]：

$$\min_{\boldsymbol{W}\in\mathbb{H}}\{F(\boldsymbol{W})=f(\boldsymbol{W})+g(\boldsymbol{W})\} \tag{3.11}$$

式中：$\mathbb{H}$是希尔伯特(Hilbert)空间；$f(\boldsymbol{W})$是凸的并且平滑的；$g(\boldsymbol{W})$是凸的，可以是非平滑的。如果$f(\boldsymbol{W})$有一个利普希茨(Lipschitz)连续梯度，通过使用Lipschitz常数L，则有

$$\|\nabla f(\boldsymbol{W}_1)-\nabla f(\boldsymbol{W}_2)\|\leqslant L\|\boldsymbol{W}_1-\boldsymbol{W}_2\|$$

代替直接的最小化$F(\boldsymbol{W})$，近端梯度算法可以最小化其复合二次逼近：

$$\begin{aligned}Q_L(\boldsymbol{W},\boldsymbol{W}^{(t)})&=f(\boldsymbol{W}^{(t)})+\langle\nabla f(\boldsymbol{W}^{(t)}),\boldsymbol{W}-\boldsymbol{W}^{(t)}\rangle+\\&\quad\frac{L}{2}\|\boldsymbol{W}-\boldsymbol{W}^{(t)}\|_F^2+g(\boldsymbol{W})\end{aligned} \tag{3.12}$$

根据式(3.8)和式(3.11)，$f(\boldsymbol{W})$和$g(\boldsymbol{W})$可写为

$$f(\boldsymbol{W})=\frac{1}{2}\|\boldsymbol{SW}-\boldsymbol{Y}\|_F^2+\frac{\beta}{2}\mathrm{tr}(\boldsymbol{WHW}^{\mathrm{T}}) \tag{3.13}$$

$$g(\boldsymbol{W})=\alpha\|\boldsymbol{W}\|_1 \tag{3.14}$$

根据式(3.13)，可得

$$\nabla f(\boldsymbol{W})=\boldsymbol{S}^{\mathrm{T}}(\boldsymbol{SW}-\boldsymbol{Y})+\beta\boldsymbol{WH} \tag{3.15}$$

给定$\boldsymbol{W}_1$和$\boldsymbol{W}_2$，为MLWSE-L1，可获得Lipschitz常数[101-102]：

$$L=\sqrt{2\|\boldsymbol{S}^{\mathrm{T}}\boldsymbol{S}\|_2^2+2\|\beta\boldsymbol{H}\|_2^2} \tag{3.16}$$

根据式(3.12)、式(3.14)和式(3.16)，令

$$\boldsymbol{Z}^{(t)}=\boldsymbol{W}^{(t)}-\frac{1}{L}\nabla f(\boldsymbol{W}^{(t)})$$

权重矩阵$\boldsymbol{W}$可优化为

$$\begin{aligned}\boldsymbol{W}^*&=\underset{\boldsymbol{W}}{\mathrm{argmin}}\,Q_L(\boldsymbol{W},\boldsymbol{W}^{(t)})\\&=\underset{\boldsymbol{W}}{\mathrm{argmin}}\,\frac{1}{2}\|\boldsymbol{W}-\boldsymbol{Z}^{(t)}\|_F^2+g(\boldsymbol{W})\\&=\underset{\boldsymbol{W}}{\mathrm{argmin}}\,\frac{1}{2}\|\boldsymbol{W}-\boldsymbol{Z}^{(t)}\|_F^2+\frac{\alpha}{L}\|\boldsymbol{W}\|_1\end{aligned} \tag{3.17}$$

在加速的近端梯度算法中，当序列 b_t 满足 $b_t^2 - b_t \leqslant b_{t-1}^2$ 时，令 $\boldsymbol{W}_t$ 是 $\boldsymbol{W}$ 的 t-th 迭代，则有

$$\boldsymbol{W}^{(t)} = \boldsymbol{W}_t + \frac{b_{t-1} - 1}{b_t}(\boldsymbol{W}_t - \boldsymbol{W}_{t-1})$$

能提高算法收敛率到 $O(1/t^2)$[99]。在式(3.17)中，近端梯度联合 $g(\boldsymbol{W})$是一个软阈值操作，也就是说，在每次迭代中，$\boldsymbol{W}^*$ 能被获得通过下面的优化问题：

$$\boldsymbol{W}^{(t+1)} = \mathrm{pro}x_{\varepsilon}[\boldsymbol{Z}^{(t)}] = \underset{\boldsymbol{W}}{\mathrm{argmin}} \frac{1}{2} \| \boldsymbol{W} - \boldsymbol{Z}^{(t)} \|_F^2 + \varepsilon \| \boldsymbol{W} \|_1 \tag{3.18}$$

式中：$\mathrm{pro}x_{\varepsilon}[\cdot]$是一个软阈值操作，可定义为

$$\mathrm{pro}x_{\varepsilon}[w_{ij}] = \begin{cases} w_{ij} - \varepsilon, & w_{ij} > \varepsilon \\ w_{ij} + \varepsilon, & w_{ij} < \varepsilon \\ 0, & \text{其他} \end{cases} \tag{3.19}$$

根据式(3.17)和式(3.19)，$\boldsymbol{W}$ 能被获得通过下面的软阈值操作：

$$\boldsymbol{W}^{(t+1)} = \mathrm{pro}x_{\frac{\alpha}{L}}[\boldsymbol{Z}^{(t)}] \tag{3.20}$$

根据上述的描述，提出的 MLWSE-L1 可描述为算法 3.1。

算法 3.1 MLWSE-L1

输入：

训练集矩阵 $\boldsymbol{X} \in \mathbb{R}^{n \times d}$；标签矩阵 $\boldsymbol{Y} \in \mathbb{R}^{n \times l}$，基学习器 $\{C_i\}_{i=1}^m$；参数 α、β、η；

输出：

权重矩阵 $\boldsymbol{W}^* \in \mathbb{R}^{ml \times l}$

步骤：

1. 通过基分类器 $\{C_i\}_{i=1}^m$ 生成置信度得分矩阵 $\boldsymbol{S} \in \mathbb{R}^{n \times ml}$
2. 初始化 $b_0, b_1 \leftarrow 1$；$t \leftarrow 1$；$\boldsymbol{W}_0, \boldsymbol{W}_1 \leftarrow (\boldsymbol{S}^{\mathrm{T}}\boldsymbol{S} + \eta \boldsymbol{I})^{-1}\boldsymbol{S}^{\mathrm{T}}\boldsymbol{Y}$
3. 计算矩阵 $\boldsymbol{Y}$ 的拉普拉斯矩阵 $\boldsymbol{H}$
4. 根据式(3.16)计算 L
5. **while** not converged **do**
6. $\quad \boldsymbol{W}^{(t)} \leftarrow \boldsymbol{W}_t + \dfrac{b_{t-1} - 1}{b_t}(\boldsymbol{W}_t - \boldsymbol{W}_{t-1})$
7. $\quad$ 根据式(3.15)计算 $\nabla f(\boldsymbol{W}^{(t)})$
8. $\quad \boldsymbol{Z}^{(t)} \leftarrow \boldsymbol{W}^{(t)} - \dfrac{1}{L}\nabla f(\boldsymbol{W}^{(t)})$
9. $\quad \boldsymbol{W}^{(t+1)} \leftarrow \mathrm{pro}x_{\frac{\alpha}{L}}[\boldsymbol{Z}^{(t)}]$
10. $\quad b_{t+1} \leftarrow \dfrac{1 + \sqrt{4b_t^2 + 1}}{2}$
11. $\quad t \leftarrow t + 1$
12. **return** $\boldsymbol{W}^* \leftarrow \boldsymbol{W}^{(t+1)}$

3.4.2 MLWSE-L21 优化

使用块坐标下降算法优化 MLWSE-L21,块坐标下降可以分为两部分:一是不同特征组之间的外循环;二是每个子块的内循环[103]。在我们的方法,置信度得分矩阵 $\boldsymbol{S}$ 可以分为 m 个组,即 $\boldsymbol{S}^1,\boldsymbol{S}^2,\cdots,\boldsymbol{S}^m$。当 $\boldsymbol{S}$ 是第 k 组,令 $\boldsymbol{S}^{-k}$ 表示余下的组,同理,$\boldsymbol{W}^{-k}$ 是权重 $\boldsymbol{W}$ 余下组的权重。当选择第 k 组时,其他组被固定,则目标函数仅仅最小化 $\boldsymbol{W}^k$,因此在每个块可以最小化如下目标:

$$\begin{aligned}&\frac{1}{2}\|r_{-k}-\boldsymbol{S}^{(k)}\boldsymbol{W}^{(k)}\|_2^2+(1-\alpha)\lambda c_k\|\boldsymbol{W}^{(k)}\|_2+\\&\alpha\lambda\|\boldsymbol{W}^{(k)}\|_1+\frac{\beta}{2}\operatorname{tr}(\boldsymbol{W}^{(k)}\boldsymbol{H}\boldsymbol{W}^{(k)\mathrm{T}})\end{aligned}\tag{3.21}$$

式中:r_{-k} 表示除了组 k 之外,标签 $\boldsymbol{Y}$ 的部分残差,即

$$r_{-k}=\|\boldsymbol{Y}-\sum_{j\neq k}\boldsymbol{S}^{(j)}\boldsymbol{W}^{(j)}\|\tag{3.22}$$

令 $\ell(\boldsymbol{r}_{-k},\boldsymbol{W}^{(k)})=\frac{1}{2}\|r_{-k}-\boldsymbol{S}^{(k)}\boldsymbol{W}^{(k)}\|_2^2$ 表示最小二乘损失函数,其梯度为 $\nabla\ell(r_{-k},\boldsymbol{W}^{(k)})$。我们的目标是最小化式(3.21)获得最优权重 $\boldsymbol{W}_*^{(k)}$,设优化中心点为 $\boldsymbol{W}_0^{(k)}$,t 为优化步,优化目标式(3.21)等价于优化下面的函数:

$$\begin{aligned}&\frac{1}{2t}\|\boldsymbol{W}^{(k)}-(\boldsymbol{W}_0^{(k)}-t\nabla\ell(r_{-k},\boldsymbol{W}_0^{(k)}))\|_2^2+(1-\alpha)\lambda c_k\|\boldsymbol{W}^{(k)}\|_2+\\&\alpha\lambda\|\boldsymbol{W}^{(k)}\|_1+\frac{\beta}{2}\operatorname{tr}(\boldsymbol{W}^{(k)}\boldsymbol{H}\boldsymbol{W}^{(k)\mathrm{T}})\end{aligned}\tag{3.23}$$

当 $\boldsymbol{W}_*^{(k)}=\boldsymbol{0}$ 时,必须满足条件[103]

$$\|\zeta(\boldsymbol{W}_0^{(k)}-t\nabla\ell(r_{-k},\boldsymbol{W}_0^{(k)}),t\alpha\lambda)\|_2\leqslant t(1-\alpha)\lambda c_k\tag{3.24}$$

否则,满足条件

$$\left(1-\frac{t(1-\alpha)\lambda c_k}{\|\zeta(\boldsymbol{W}_0^{(k)}-t\nabla\ell(r_{-k},\boldsymbol{W}_0^{(k)}),t\alpha\lambda)\|_2}\right)_+\zeta(\boldsymbol{W}_0^{(k)}-t\nabla\ell(r_{-k},\boldsymbol{W}_0^{(k)}),t\alpha\lambda)\tag{3.25}$$

式中:$\zeta(\cdot)$表示软阈值操作,即

$$(\zeta(z,t\alpha\lambda))_i=\operatorname{sign}(z_i)(|z_i|-t\alpha\lambda)_+\tag{3.26}$$

内循环能够使用近端梯度进行加速[104],因此设置 $t=\frac{1}{L}$,其中 L 是 Lipschitz 常数,可以通过式(3.16)获得。详细的基于块坐标下降优化的 MLWSE-L21 算法

可描述为算法 3.2。

算法 3.2 MLWSE-L21

输入：
训练集矩阵 $\boldsymbol{X}\in\mathbb{R}^{n\times d}$；标签矩阵 $\boldsymbol{Y}\in\mathbb{R}^{n\times l}$，基学习器 $\{C_i\}_{i=1}^{m}$；参数 α、β、λ、η；
输出：
权重矩阵 $\boldsymbol{W}^*\in\mathbb{R}^{ml\times l}$
步骤：
1. 通过基分类器 $\{C_i\}_{i=1}^{m}$ 生成置信度得分矩阵 $\boldsymbol{S}\in\mathbb{R}^{n\times ml}$
2. 计算矩阵 $\boldsymbol{Y}$ 的拉普拉斯矩阵 $\boldsymbol{H}$
3. 根据式(3.16)计算 L
4. 根据式(3.22)计算 r_{-k}
5. 循环迭代每个组；为每个组 k，执行步骤 6
6. 初始化 $t\leftarrow 1/L$，$\boldsymbol{W}^{(k)}\leftarrow(\boldsymbol{S}^{\mathrm{T}}\boldsymbol{S}+\eta\boldsymbol{I})^{-1}\boldsymbol{S}^{\mathrm{T}}\boldsymbol{Y}$
7. 根据式(3.24)判断是否 $\boldsymbol{W}^{(k)}=\boldsymbol{0}$，否则执行步骤 8
8. **while** not converged **do**
9. 　　更新梯度 $\nabla\ell(r_{-k},\boldsymbol{W}^{(k)})$
10. 　　根据式(3.25)更新权重 $\boldsymbol{W}^{(k+1)}$
11. **return** $\boldsymbol{W}^*\leftarrow\boldsymbol{W}^{(t+1)}$

3.5 实验结果与分析

本实验采用 2D 仿真数据集、Benchmark 基准数据集和真实的心脑血管疾病数据集这三种多样化的数据集来评估 MLWSE 与其他同类算法的性能。在实验过程中，本书运用了六种不同的度量标准来全面比较各算法的表现。此外，还深入分析了 MLWSE 算法在鲁棒性、参数敏感性和收敛性等多个关键维度上的性能特点。

3.5.1 2D 仿真实验

基于不同的分布场景设计了 2D 的合成实验，旨在评估算法分类器选择能力。由于多标签分类能被转化为多个二值的分类器问题，这里只考虑单标签的场景。如图 3.3 所示，单变量 X 属于均匀分布 $[-4,4]$ 区间，令 $I(\cdot)$ 表示指示函数，$N(0,1)$ 是标准正态分布，则四种场景生成函数[105]如下：

场景 1：$Y=-2\times I(X<-3)+2.55\times I(X>-2)-2\times I(X>0)+4\times I(X>2)-1\times I(X>3)+N(0,1)$

场景 2：$Y=5+0.4X-0.36X^2+0.005X^3+N(0,1)$

场景 3：$Y=2.85\times\sin(\frac{\pi}{2}\times X)+N(0,1)$

场景 4：$Y=3.85\times\sin(3\pi\times X)\times I(X>0)+N(0,1)$

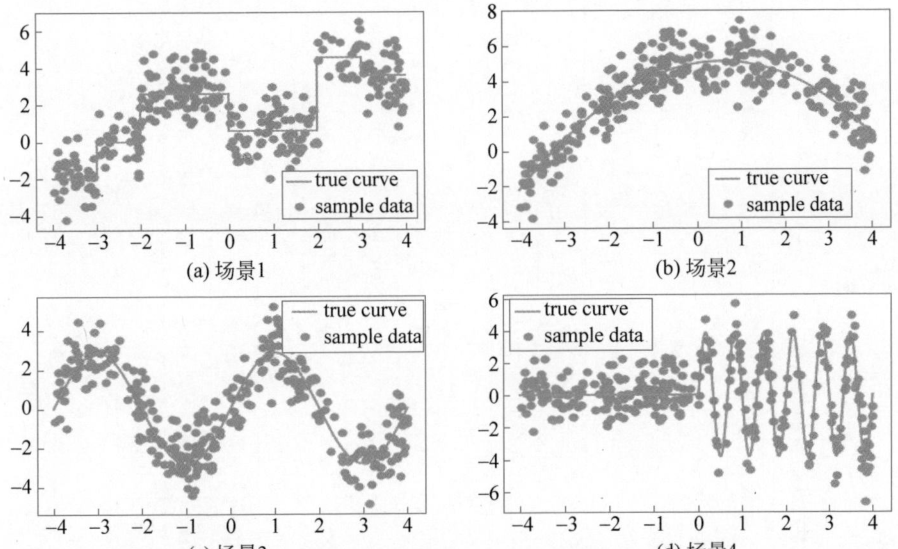

图 3.3　四种场景

注：曲线表示真实的分布，仿真样本数为 300。

使用消融研究评估 MLWSE 算法的分类选择能力，包括基于式(3.3)的 Baseline 选择、式(3.5)的 Lasso 选择、式(3.6)的 Group Sparsity Lasso 选择，随机地划分 35%为训练集、35%为验证集、30%为测试集，随机开展实验 5 次并求平均，4 种场景实验结果如表 3.1 所列。在场景 1 中，三个基分类器都获得了好的结果，但是基于多项式核的 SVM 效果是最好的，Lasso 选择和 Group Lasso 选择分别获得了 0.522 和 0.533 的结果，对应的权重向量为分别为< 0.339，0.589，0.052 >和< 0，0.933，0.045 >，能够看出提出的方法能够给好的基分类器分配较高的权重。在场景 2 中，基于多项式核的 SVM 是最优的基分类器，同样地，Lasso 选择和 Group Lasso 选择也是指派较高的权重给最优的分类器，同样的趋势在场景 3 和场景 4 中一样存在。在实际中，各自最优的分类器是不知道的，提出的方法能自适应地给最优的基分类器分类最优权重，并且适应真实场景的改变，实验结果指出了提出方法的加权分类器选择是有效的。

表 3.1　实验结果在 2D 仿真的数据集

Algorithms		场景 1		场景 2		场景 3		场景 4	
		Acc	*W*	Acc	*W*	Acc	*W*	Acc	*W*
Base classifier	SVM (linear kernel)	0.522	—	0.444	—	0.533	—	0.767	—
	SVM (poly kernel)	0.533	—	0.467	—	0.533	—	0.767	—
	Random Forest	0.522	—	0.467	—	0.833	—	0.711	—
Baseline	SVM (linear kernel)		−0.679		−0.927		−59.118		−30.117
	SVM (poly kernel)	0.488	1.620	0.500	2.186	0.800	56.915	0.767	30.061
	Random Forest		0.036		−0.197		0.937		0.164
Lasso selection	SVM (linear kernel)		0.339		−0.852		−0.018		0.072
	SVM (poly kernel)	0.522	0.589	0.500	2.105	0.833	0.105	0.767	0.660
	Random Forest		0.052		−0.197		0.920		0.277
Group sparsity lasso selection	SVM (linear kernel)		0		0		0		0
	SVM (poly kernel)	0.533	0.933	0.5111	1.172	0.833	0.080	0.767	0.732
	Random Forest		0.045		−0.181		0.923		0.274

3.5.2　Benchmark 基准实验

为了验证提出方法的性能，我们在 13 个公开的多标签基准数据集上进行了算法比较，数据集总结在表 3.2。

表 3.2　Benchmark 基准数据集

Datasets	Domain	Instances	Features	Labels	LC
Emotions	Music	593	72	6	1.868
Flags	Image	194	19	7	3.392
Scene	Image	2407	294	6	1.074
Yeast	Biology	2417	103	14	4.237
Birds	Audio	645	260	19	1.014
GpositiveGO	Biology	519	912	4	1.008
CHD-49	Medicine	555	49	6	2.580
Enron	Text	1702	1001	53	3.378
Langlog	Text	1460	1004	75	1.180
Medical	Text	978	1449	45	1.245
VirusGo	Biology	207	749	6	1.217
Water-qy	Chemistry	1060	16	14	5.073
3s-bbc1000	Text	352	1000	6	1.125

注：LC 表示每个样本所属标签的平均数，$LC=\frac{1}{N}\sum_{i=1}^{n}|Y_i|$。

针对基准数据集，本书比较了 7 种优秀的多标签集成方法，涵盖了传统多标签集成算法的大部分，如 EBR[9]、ECC[9]、EPS[10]、RAkEL[11]、CDE[12]、AdaBoost.MH[15]、MLS[17] 等，这些方法都被实现基于 Mulan[106] 库和 Meka[107] 库。对于 MLWSE，置信度得分矩阵 $\boldsymbol{S}$ 被生成基于基学习器 BR[24]、CC[9]、LP[25]，相关参数使用默认的 scikit-multilearn[108] 库设置。对于 MLWSE-L1，参数 α、β、η 分别设置为 10^{-4}、10^{-3}、0.1；对于 MLWSE-L21，参数 α、λ、β、η 分别设置为 0.05、10^{-3}、10^{-2}、0.1，通过使用 5 折交叉验证进行比较实验，在标签数较为大的数据集，有些算法并不能得到结果，被标记为“DNF”，算法中最好的结果已经被加粗，详细的实验结果在表 3.3 和表 3.4 中。

表 3.3 Benchmark 数据集比较结果(Accuracy、Hamming loss 和 Ranking loss)

Datasets	Accuracy↑								
	EBR	ECC	EPS	RAkEL	CDE	AdaBoost. MH	MLS	MLWSE-L1	MLWSE-L21
Emotions	0.517±0.034	0.532±0.039	0.533±0.021	0.422±0.028	0.524±0.035	0.028±0.016	0.422±0.028	0.806±0.007	**0.807±0.007**
Flags	0.598±0.067	0.630±0.067	0.590±0.063	0.607±0.051	0.609±0.077	0.514±0.064	0.607±0.051	0.727±0.014	**0.743±0.014**
Scene	0.605±0.008	0.659±0.013	0.642±0.007	0.534±0.017	0.538±0.004	0.000±0.000	0.534±0.017	**0.917±0.001**	0.915±0.003
Yeast	0.489±0.014	0.505±0.008	0.491±0.015	0.434±0.012	0.478±0.008	0.335±0.015	0.434±0.012	**0.804±0.002**	0.801±0.002
Birds	0.593±0.021	0.602±0.018	0.589±0.015	0.568±0.036	0.588±0.039	0.456±0.015	0.568±0.036	0.949±0.003	**0.955±0.002**
GpositiveGO	0.933±0.011	0.929±0.016	0.937±0.008	0.930±0.017	0.928±0.018	0.000±0.000	0.930±0.017	**0.971±0.003**	**0.971±0.005**
CHD-49	0.515±0.02	0.533±0.025	0.531±0.022	0.470±0.018	0.490±0.031	0.464±0.008	0.470±0.018	**0.706±0.011**	0.703±0.013
Enron	0.425±0.015	0.467±0.019	0.376±0.020	0.414±0.012	0.411±0.013	0.151±0.009	0.414±0.012	0.953±0.001	**0.954±0.000**
Langlog	0.232±0.027	0.237±0.023	0.231±0.024	0.250±0.026	DNF	0.142±0.022	0.084±0.019	0.820±0.003	**0.830±0.001**
Medical	0.755±0.024	0.767±0.025	0.754±0.024	0.752±0.033	0.718±0.040	0.000±0.000	0.752±0.033	0.986±0.001	**0.987±0.000**
VirusGo	0.861±0.058	0.859±0.056	0.872±0.043	0.861±0.058	0.872±0.058	0.000±0.000	0.861±0.058	**0.956±0.003**	**0.956±0.005**
Water-qy	0.393±0.007	0.414±0.010	0.204±0.019	0.318±0.010	0.402±0.006	0.157±0.03	0.374±0.007	**0.715±0.004**	0.707±0.007
3s-bbc1000	0.044±0.01	0.123±0.027	0.195±0.027	0.144±0.027	0.144±0.019	0.000±0.000	0.144±0.027	0.805±0.006	**0.810±0.005**

续表

Datasets	Hamming loss↓								
	EBR	ECC	EPS	RAkEL	CDE	AdaBoost. MH	MLS	MLWSE-L1	MLWSE-L21
Emotions	0. 197±0. 015	0. 205±0. 016	0. 211±0. 015	0. 264±0. 018	0. 212±0. 019	0. 306±0. 010	0. 264±0. 018	0. 194±0. 007	**0. 193±0. 007**
Flags	0. 249±0. 044	**0. 243±0. 045**	0. 258±0. 041	0. 253±0. 036	0. 258±0. 052	0. 278±0. 026	0. 253±0. 036	0. 273±0. 014	0. 257±0. 014
Scene	0. 093±0. 003	0. 094±0. 004	0. 099±0. 003	0. 135±0. 007	0. 136±0. 003	0. 179±0. 002	0. 135±0. 007	**0. 083±0. 001**	0. 085±0. 003
Yeast	0. 205±0. 006	0. 210±0. 004	0. 212±0. 007	0. 248±0. 008	0. 228±0. 006	0. 232±0. 007	0. 249±0. 008	**0. 197±0. 002**	0. 199±0. 002
Birds	**0. 042±0. 003**	0. 043±0. 004	0. 046±0. 002	0. 051±0. 006	0. 047±0. 006	0. 053±0. 002	0. 051±0. 006	0. 051±0. 003	0. 045±0. 001
GpositiveGO	**0. 027±0. 004**	0. 030±0. 009	0. 031±0. 005	**0. 027±0. 006**	0. 031±0. 009	0. 255±0. 007	**0. 027±0. 006**	0. 029±0. 003	0. 029±0. 005
CHD-49	0. 299±0. 013	0. 304±0. 020	0. 307±0. 016	0. 325±0. 013	0. 323±0. 022	0. 307±0. 004	0. 325±0. 013	**0. 294±0. 011**	0. 297±0. 013
Enron	0. 048±0. 001	0. 048±0. 002	0. 052±0. 002	0. 051±0. 001	0. 051±0. 001	0. 062±0. 001	0. 051±0. 001	0. 047±0. 001	**0. 046±0. 000**
Langlog	**0. 016±0. 001**	**0. 016±0. 001**	**0. 016±0. 001**	0. 020±0. 002	DNF	**0. 016±0. 001**	0. 037±0. 002	0. 180±0. 003	0. 170±0. 001
Medical	**0. 010±0. 001**	**0. 010±0. 001**	0. 012±0. 001	**0. 010±0. 001**	0. 012±0. 001	0. 028±0. 001	**0. 010±0. 001**	0. 014±0. 001	0. 013±0. 000
VirusGo	0. 045±0. 012	0. 045±0. 014	0. 047±0. 019	**0. 042±0. 017**	**0. 042±0. 019**	0. 203±0. 013	**0. 042±0. 017**	0. 044±0. 003	0. 044±0. 005
Water-qy	0. 293±0. 009	0. 295±0. 009	0. 323±0. 002	0. 329±0. 004	0. 303±0. 010	0. 338±0. 008	0. 311±0. 005	**0. 286±0. 004**	0. 293±0. 007
3s-bbc1000	0. 209±0. 011	0. 223±0. 012	0. 206±0. 010	0. 251±0. 029	0. 250±0. 013	**0. 188±0. 008**	0. 251±0. 029	0. 195±0. 006	0. 190±0. 005

续表

Datasets	Ranking loss↓								
	EBR	ECC	EPS	RAkEL	CDE	AdaBoost. MH	MLS	MLWSE-L1	MLWSE-L21
Emotions	0.171±0.019	0.171±0.013	0.196±0.015	0.316±0.031	0.176±0.019	0.427±0.029	0.326±0.036	0.159±0.013	**0.149±0.011**
Flags	0.201±0.032	0.217±0.041	0.220±0.051	0.318±0.042	0.256±0.060	0.238±0.034	0.272±0.035	0.233±0.021	**0.200±0.011**
Scene	0.079±0.009	0.092±0.009	0.101±0.008	0.195±0.015	0.138±0.010	0.472±0.013	0.227±0.021	**0.068±0.003**	0.069±0.003
Yeast	0.185±0.010	0.191±0.010	0.202±0.008	0.336±0.015	0.219±0.009	0.363±0.029	0.316±0.012	0.171±0.001	**0.168±0.001**
Birds	**0.098±0.012**	0.111±0.013	0.140±0.014	0.199±0.026	0.134±0.015	0.229±0.037	0.168±0.012	0.120±0.008	0.110±0.003
GpositiveGO	0.025±0.005	0.027±0.008	0.031±0.011	0.034±0.012	0.029±0.012	0.301±0.019	0.025±0.006	0.026±0.005	**0.024±0.004**
CHD-49	0.222±0.015	0.230±0.020	0.226±0.021	0.313±0.014	0.255±0.027	0.222±0.011	0.313±0.020	0.215±0.006	**0.210±0.007**
Enron	**0.085±0.008**	0.150±0.014	0.161±0.011	0.302±0.011	0.198±0.001	0.240±0.011	0.175±0.005	0.105±0.003	0.092±0.007
Langlog	**0.121±0.005**	0.273±0.017	0.291±0.013	0.413±0.011	DNF	0.470±0.015	0.166±0.039	0.248±0.005	0.230±0.004
Medical	0.031±0.003	0.042±0.011	0.057±0.011	0.097±0.016	0.074±0.005	0.285±0.010	0.070±0.016	0.033±0.009	**0.025±0.004**
VirusGo	**0.030±0.015**	0.033±0.015	**0.030±0.017**	0.067±0.055	0.043±0.018	0.264±0.045	0.042±0.025	0.031±0.004	0.032±0.005
Water-qy	0.253±0.006	0.256±0.006	0.347±0.007	0.368±0.007	0.275±0.005	0.374±0.011	0.325±0.006	**0.247±0.008**	0.262±0.006
3s-bbc1000	0.404±0.034	0.417±0.031	0.383±0.037	0.497±0.035	0.434±0.003	0.422±0.027	0.497±0.058	**0.381±0.020**	0.389±0.025

表 3.4　Benchmark 数据集比较结果(F1、Macro-F1 和 Micro-F1)

Datasets	F1 ↑								
	EBR	ECC	EPS	RAkEL	CDE	AdaBoost. MH	MLS	MLWSE-L1	MLWSE-L21
Emotions	0.597±0.037	0.612±0.037	0.615±0.018	0.509±0.036	0.608±0.031	0.037±0.02	0.509±0.036	**0.639±0.024**	0.614±0.014
Flags	0.711±0.057	**0.735±0.050**	0.699±0.049	0.721±0.043	0.721±0.065	0.631±0.063	0.721±0.043	0.700±0.020	0.721±0.025
Scene	0.620±0.007	0.675±0.014	0.655±0.006	0.573±0.016	0.573±0.009	0.000±0.000	0.573±0.016	**0.708±0.005**	0.672±0.010
Yeast	0.599±0.014	0.611±0.007	0.599±0.013	0.556±0.012	0.595±0.007	0.456±0.019	0.556±0.012	**0.647±0.006**	0.625±0.004
Birds	0.618±0.022	**0.631±0.016**	0.616±0.019	0.603±0.037	0.621±0.04	0.456±0.015	0.603±0.037	0.152±0.024	0.140±0.009
GpositiveGO	0.938±0.012	0.931±0.017	0.940±0.008	0.934±0.018	0.933±0.018	0.000±0.000	0.934±0.018	**0.945±0.009**	0.941±0.008
CHD-49	0.628±0.022	0.643±0.024	0.643±0.016	0.587±0.016	0.610±0.032	0.580±0.007	0.587±0.016	**0.659±0.008**	0.654±0.016
Enron	0.537±0.015	**0.579±0.017**	0.472±0.020	0.525±0.012	0.523±0.012	0.231±0.013	0.525±0.012	0.578±0.011	0.576±0.006
Langlog	0.239±0.026	0.246±0.020	0.236±0.024	0.267±0.025	DNF	0.142±0.022	0.115±0.026	0.487±0.004	**0.496±0.002**
Medical	0.785±0.025	**0.795±0.026**	0.779±0.024	0.783±0.031	0.751±0.043	0.000±0.000	0.783±0.031	0.773±0.015	0.770±0.011
VirusGo	0.883±0.057	0.879±0.055	0.893±0.037	0.880±0.056	0.893±0.047	0.000±0.000	0.880±0.056	**0.913±0.008**	0.905±0.013
Water-qy	0.532±0.007	0.556±0.011	0.299±0.022	0.452±0.011	0.543±0.006	0.244±0.043	0.513±0.006	0.550±0.009	**0.557±0.011**
3s-bbc1000	0.047±0.012	0.128±0.027	**0.207±0.028**	0.162±0.029	0.159±0.019	0.000±0.000	0.162±0.029	0.051±0.022	0.043±0.021

续表

Datasets	Macro-F1 ↑								
	EBR	ECC	EPS	RAkEL	CDE	AdaBoost. MH	MLS	MLWSE-L1	MLWSE-L21
Emotions	0. 639±0. 029	**0. 641±0. 027**	0. 631±0. 022	0. 551±0. 039	0. 635±0. 037	0. 038±0. 018	0. 551±0. 039	0. 608±0. 023	0. 584±0. 013
Flags	0. 657±0. 063	0. 671±0. 086	0. 587±0. 065	0. 658±0. 077	0. 668±0. 077	0. 560±0. 129	0. 658±0. 077	0. 687±0. 024	**0. 711±0. 025**
Scene	0. 709±0. 009	**0. 728±0. 013**	0. 707±0. 003	0. 634±0. 015	0. 629±0. 002	0. 000±0. 000	0. 634±0. 015	0. 700±0. 005	0. 665±0. 010
Yeast	0. 385±0. 009	0. 398±0. 006	0. 374±0. 005	0. 383±0. 010	0. 405±0. 011	0. 122±0. 003	0. 384±0. 009	**0. 619±0. 006**	0. 593±0. 004
Birds	0. 321±0. 055	0. 291±0. 012	0. 265±0. 052	**0. 349±0. 048**	0. 336±0. 057	0. 053±0. 033	**0. 349±0. 048**	0. 141±0. 022	0. 133±0. 010
GpositiveGO	0. 871±0. 045	0. 854±0. 062	0. 901±0. 047	0. 859±0. 054	0. 845±0. 056	0. 000±0. 000	0. 859±0. 054	**0. 943±0. 008**	0. 940±0. 007
CHD-49	0. 498±0. 015	0. 512±0. 026	0. 510±0. 017	0. 470±0. 022	0. 490±0. 030	0. 270±0. 002	0. 470±0. 022	**0. 629±0. 007**	0. 624±0. 017
Enron	0. 219±0. 015	0. 225±0. 016	0. 182±0. 010	0. 214±0. 021	0. 157±0. 000	0. 085±0. 014	0. 214±0. 021	**0. 548±0. 009**	0. 547±0. 005
Langlog	0. 270±0. 047	0. 273±0. 048	0. 264±0. 043	0. 284±0. 048	DNF	0. 237±0. 047	0. 051±0. 001	0. 474±0. 006	**0. 478±0. 003**
Medical	0. 653±0. 029	0. 630±0. 031	0. 616±0. 058	0. 669±0. 037	0. 468±0. 002	0. 324±0. 036	0. 669±0. 037	**0. 758±0. 015**	0. 755±0. 011
VirusGo	0. 796±0. 078	0. 833±0. 072	0. 844±0. 090	0. 803±0. 069	0. 858±0. 089	0. 067±0. 082	0. 803±0. 069	**0. 902±0. 009**	0. 894±0. 011
Water-qy	0. 502±0. 005	0. 523±0. 011	0. 177±0. 019	0. 413±0. 012	0. 503±0. 004	0. 091±0. 020	0. 466±0. 011	0. 518±0. 011	**0. 526±0. 010**
3s-bbc1000	0. 062±0. 032	0. 115±0. 027	**0. 246±0. 028**	0. 189±0. 051	0. 180±0. 002	0. 000±0. 000	0. 189±0. 051	0. 049±0. 021	0. 036±0. 023

续表

Datasets	Micro-F1 ↑								
	EBR	ECC	EPS	RAkEL	CDE	AdaBoost. MH	MLS	MLWSE-L1	MLWSE-L21
Emotions	0. 662±0. 028	0. 663±0. 025	0. 654±0. 023	0. 564±0. 038	0. 654±0. 034	0. 063±0. 032	0. 564±0. 038	**0. 664±0. 013**	0. 658±0. 013
Flags	0. 746±0. 051	**0. 760±0. 051**	0. 725±0. 05	0. 745±0. 046	0. 741±0. 063	0. 693±0. 064	0. 745±0. 046	0. 719±0. 017	0. 737±0. 017
Scene	0. 705±0. 007	0. 718±0. 012	0. 700±0. 006	0. 624±0. 015	0. 617±0. 003	0. 000±0. 000	0. 624±0. 015	**0. 750±0. 004**	0. 733±0. 009
Yeast	0. 628±0. 011	0. 636±0. 006	0. 625±0. 012	0. 581±0. 012	0. 617±0. 006	0. 480±0. 016	0. 581±0. 011	**0. 644±0. 006**	0. 621±0. 004
Birds	0. 431±0. 054	0. 450±0. 031	0. 402±0. 034	0. 444±0. 048	**0. 456±0. 055**	0. 000±0. 000	0. 444±0. 048	0. 365±0. 031	0. 359±0. 027
GpositiveGO	**0. 947±0. 008**	0. 939±0. 018	0. 939±0. 009	0. 946±0. 013	0. 938±0. 018	0. 000±0. 000	0. 946±0. 013	0. 942±0. 005	0. 942±0. 009
CHD-49	0. 655±0. 017	**0. 667±0. 025**	0. 663±0. 018	0. 619±0. 019	0. 638±0. 028	0. 598±0. 004	0. 619±0. 019	0. 658±0. 006	0. 653±0. 017
Enron	0. 562±0. 004	**0. 583±0. 013**	0. 481±0. 016	0. 550±0. 009	0. 544±0. 002	0. 245±0. 014	0. 550±0. 009	0. 565±0. 007	0. 566±0. 004
Langlog	0. 159±0. 022	0. 174±0. 012	0. 156±0. 027	0. 191±0. 014	DNF	0. 000±0. 000	0. 192±0. 029	0. 532±0. 006	**0. 544±0. 003**
Medical	0. 810±0. 016	**0. 815±0. 024**	0. 780±0. 028	0. 813±0. 026	0. 781±0. 027	0. 000±0. 000	0. 813±0. 026	0. 754±0. 013	0. 759±0. 007
VirusGo	0. 890±0. 033	0. 890±0. 036	0. 881±0. 047	0. 897±0. 042	**0. 898±0. 046**	0. 000±0. 000	0. 897±0. 042	0. 894±0. 008	0. 894±0. 011
Water-qy	0. 563±0. 006	**0. 585±0. 011**	0. 304±0. 024	0. 480±0. 010	0. 570±0. 008	0. 259±0. 045	0. 544±0. 008	0. 559±0. 007	0. 557±0. 009
3s-bbc1000	0. 079±0. 023	0. 173±0. 034	**0. 277±0. 033**	0. 215±0. 036	0. 208±0. 030	0. 000±0. 000	0. 215±0. 036	0. 086±0. 033	0. 084±0. 042

根据表 3.3 和表 3.4 的实验结果，可以得到以下结论：

(1) 与基于 bagging 模式的多标签集成方法比较，如 EBR[9]、ECC[9]、EPS[10]、RAkEL[11]、CDE[12]，在大多数情况下，MLWSE 优于 bagging 的集成模式。原因是 MLWSE 能根据不同的标签，给分类器分配不同的标签权重，并且考虑了标签的成对依赖关系。

(2) 与基于 stacking 模式的多标签集成方法比较，如 MLS[17]，在大多数情况下，MLWSE 获得了更好的性能，如 Accuracy 和 F1。原因是不同于 MLS，提出的方法考虑了标签的依赖关系，并且基于不同的标签给不同的基分类器分配了不同的权重。

(3) 与基于 boosting 模式的多标签集成方法比较，如 AdaBoost.MH[15]，MLWSE 获得了比 AdaBoost.MH 更好的结果，尽管 AdaBoost.MH 考虑了分类器的权重，但是和 MLWSE 权重设置策略不一样，MLWSE 更多地考虑了多标签存在的客观问题，即标签之间的依赖关系。

3.5.3 Real-world 数据实验

为了分析 MLWSE 在实际多标签场景中的应用，本书应用 MLWSE 到真实的心脑血管疾病数据集。数据集来自××省××人民医院，患有心脑血管疾病的病人，样本总数为 3823 个，有 59 个特征和 9 个标签，9 个标签依次是脑缺血性卒中(CIS)、脑出血(CH)、蛛网膜下腔出血(SAH)、脑静脉血栓形成(CVT)、颅内动脉瘤(IA)、脑血管畸形(CVM)、心脏病(HD)、糖尿病(DM)、高血压(HT)，标签样本数及标签频率见表 3.5，实验结果见表 3.6。

表 3.5　Real-world 心脑血管疾病数据集

Label	Instances	Label Frequency
CIS	3380	0.884
CH	140	0.036
SAH	134	0.035
CVT	8	0.002
IA	23	0.006
CVM	20	0.005
HD	1133	0.296
DM	920	0.240
HT	2513	0.657

根据表 3.6 的实验结果可知，相比于其他多标签集成方法，在真实的心脑血管疾病数据集，针对不同的评估标准，如 Accuracy、Ranking loss、F1、Macro-F1，提出的方法取得了非常好的实验结果。

进一步，为了验证提出的方法是否考虑了标签的依赖关系，即如果两个标签是强相关的，那么学习到的权重向量应该也有高的相似，如图 3.4 所示，标签矩阵和权重矩阵存在着很强的灰度表示一致。也就是说，如果标签 y_j 和 y_k 是强的相关，权重向量对($\boldsymbol{W}_j$, $\boldsymbol{W}_k$)也有高的相似。实验结果表明了提出假设的合理性。

表 3.6　Real-world 心脑血管疾病实验结果

Algorithm	Accuracy ↑	Hamming loss ↓	Ranking loss ↓	F1 ↑	Macro-F1 ↑	Micro-F1 ↑
EBR	0.6923±0.0118	0.0910±0.0050	0.0395±0.0040	0.7694±0.0102	0.4038±0.0464	0.8079±0.0100
ECC	0.7041±0.0082	**0.0896±0.0041**	0.0472±0.0045	0.7800±0.0064	0.4196±0.0495	**0.8156±0.0074**
EPS	0.6904±0.0069	0.0935±0.0034	0.0492±0.0057	0.7673±0.0060	0.4045±0.0508	0.8063±0.0069
RAkEL	0.6797±0.0047	0.0957±0.0028	0.0853±0.0046	0.7597±0.0040	0.3985±0.0477	0.7982±0.0058
CDE	0.6953±0.0060	0.0913±0.0034	0.0579±0.0053	0.7718±0.0049	0.4096±0.0458	0.8094±0.0066
AdaBoost. MH	0.6178±0.0126	0.1201±0.0045	0.0536±0.0044	0.7213±0.0110	0.2146±0.0442	0.7405±0.0094
MLS	0.6797±0.0047	0.0957±0.0028	0.0814±0.0030	0.7597±0.0040	0.3985±0.0477	0.7982±0.0058
MLWSE-L1	**0.9090±0.0015**	0.0910±0.0015	**0.0388±0.0016**	**0.7979±0.0035**	**0.7686±0.0027**	0.8102±0.0038
MLWSE-L21	**0.9101±0.0009**	0.0899±0.0009	**0.0384±0.0078**	**0.7968±0.0035**	**0.7681±0.0033**	0.8116±0.0023

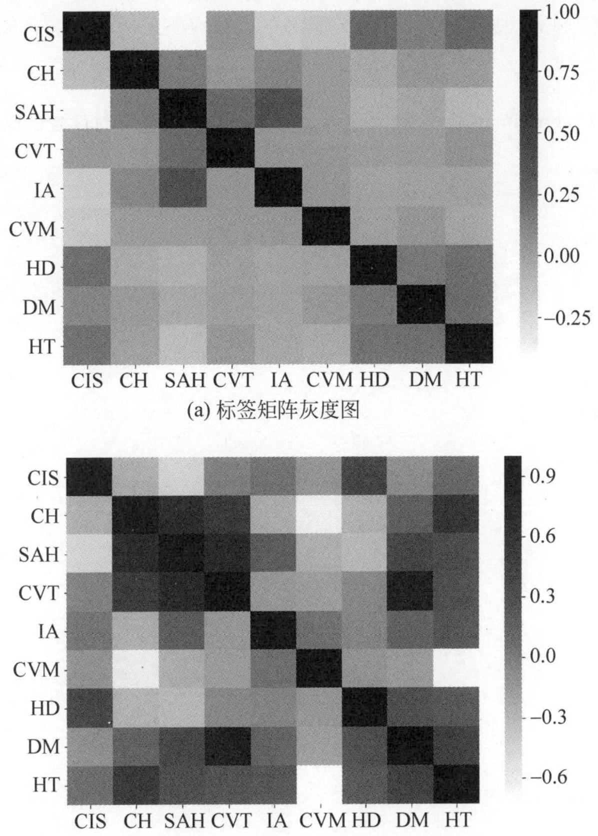

(a) 标签矩阵灰度图

(b) 对应的权重矩阵灰度图

图 3.4　标签矩阵灰度图和对应的权重矩阵灰度图

3.5.4 Friedman 检验分析

本书使用 Friedman 检验[109-110]分析不同算法之间的性能，对每一个算法度量标准，表 3.7 提供了 Friedman 统计 F_F 和 $\alpha=0.05$ 相应的临界值。基于 Friedman 检验分析，当两个算法的性能显著不同时，需要通过“后续检验”来进一步区分各个算法之间的不同，常用的方法有 Nemenyi 后续检验[110]。实验中，通过 Nemenyi 检验计算得到平均序值差别临界值

$$\mathrm{CD}=q_\alpha\sqrt{\frac{k(k+1)}{6N}}$$

当 $\alpha=0.05$ 时，$q_\alpha=3.102$。也就是说，当两个算法的平均序值之差超过临界值 CD 时，则以相应的置信度值认为两个算法的性能有显著的不同。对 Nemenyi 后续检验，使用参数 $k=9$，$N=14$，其中包括 13 个 Benchmark 数据集和 1 个真实的心脑血管疾病数据集，通过计算 CD=3.211。图 3.5 显示了不同评价指标的 CD 图，通过观察每个子图，提出的 MLWSE 算法性能和其他算法有显著的不同。

表 3.7 Friedman 检验 F_F（$k=9$，$N=14$）和对应的不同度量的临界值

Metric	F_F	Critical Value ($\alpha=0.05$)
Accuracy	35.075	3.211
Hamming loss	6.348	
Ranking loss	37.824	
F1	9.261	
Macro-F1	10.243	
Micro-F1	8.312	

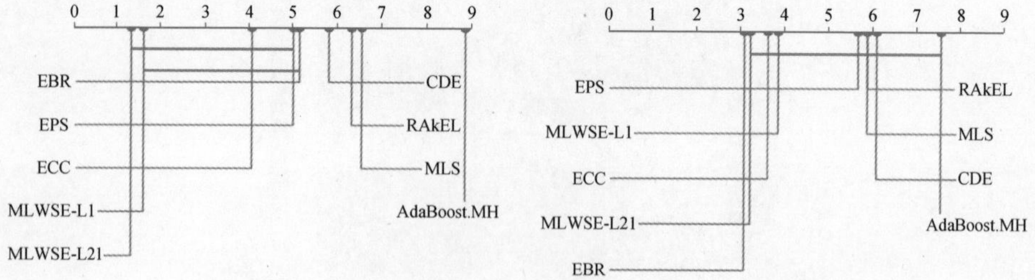

(a) Accuracy (b) Hamming loss

图 3.5 不同评价指标的 CD 图

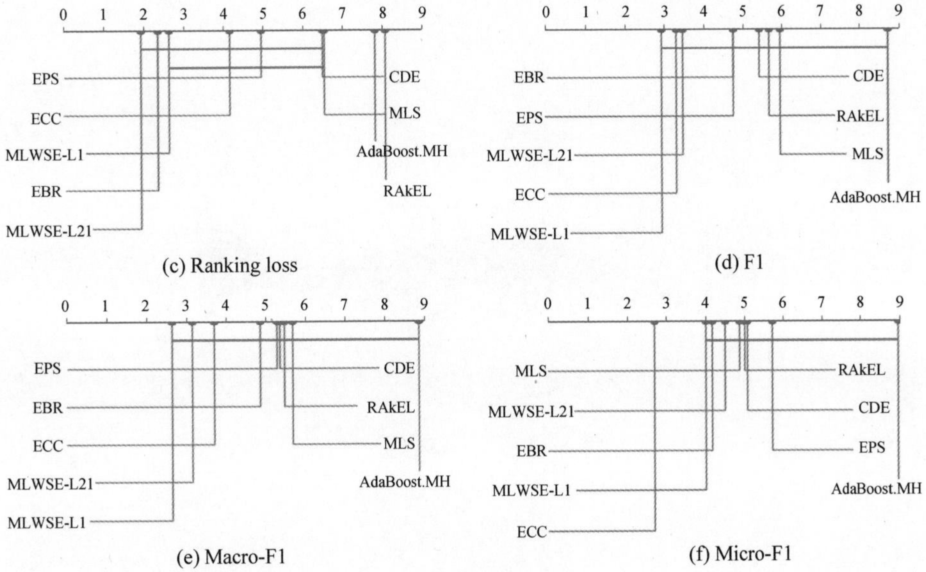

图 3.5 （续）

根据 Friedman 检验结果，可以得出以下结论：

(1) EBR 方法在 Hamming loss 上优于其他方法。因为 EBR 是基于 BR 模型集成的，主要在于优化汉明损失，不考虑标签的相关性。而除 EBR 外，提出的 MLWSE-L21 在 Hamming loss 方面优于其他方法。

(2) ECC 在 Micro-F1 上优于其他方法。因为 ECC 是一种高阶方法，考虑了标签的全局依赖关系，它试图对全局标签进行建模。而除 ECC 外，提出的 MLWSE-L1 在 Micro-F1 方面优于其他方法。

(3) MLWSE 在其他四个方面都优于相关的多标签集成方法，指出了提出的方法使用局部标签依赖关系和加权分类器选择是有效的。

3.5.5 参数敏感性分析

实验在 Emotions 和 GpositiveGO 两个数据集，分析参数的敏感性。对 MLWSE-L1，参数 α、β 取值范围为$\{10^{-5},10^{-4},\cdots,10^{3},10^{4}\}$，$\eta$ 设置为 0.1；对 MLWSE-L21，参数 α 的取值范围为$\{0.01, 0.05, 0.1, 0.15, 0.2\}$，$\beta$ 的取值范围为$\{10^{-4},10^{-3},\cdots,10^{1},10^{2}\}$，$\lambda$ 的取值范围为$\{10^{-5},10^{-4},\cdots,10^{1},10^{2}\}$，$\eta$ 设置为 0.1。对每个(α,β)对，记录 F1 均值，图 3.6 描述了在 Emotions 和 GpositiveGO 两个数据集上 α 和 β 参数的影响。从图 3.6 能够看出：①当 α 取值较大时，MLWSE-L1 的性能较差，尤其是当 $\alpha>10$ 时，MLWSE-L1 性能很差；②随着 β 值的增加，

MLWSE-L1 性能开始提高，随后下降，因此最终固定参数 α、β 分别在 10^{-4}、10^{-3}。

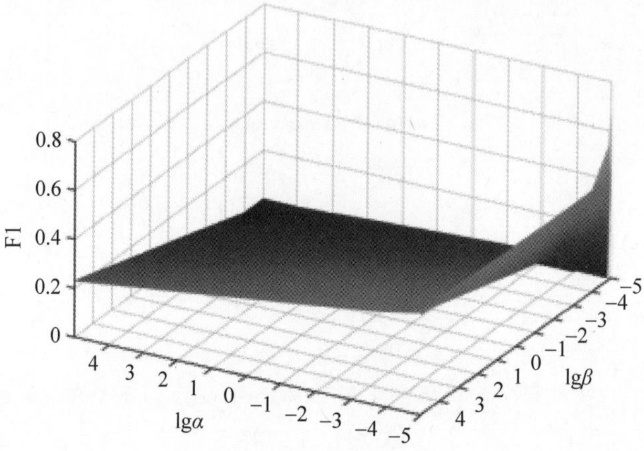

(a) Emotions数据集

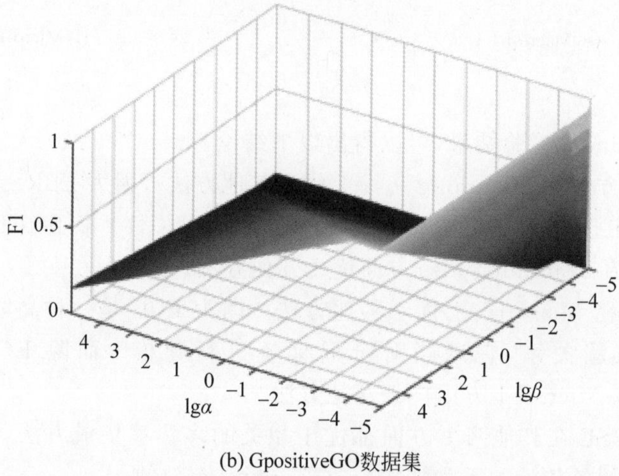

(b) GpositiveGO数据集

图 3.6 MLWSE-L1 参数敏感性分析

在 MLWSE-L21，实验首先在 Emotions 数据集上通过使用 5 折交叉验证选择一组最好的参数，然后保持这个参数不变，改变另外两个进行分析，如图 3.7(a)～(l)所示。通过分析可以看出：

(1) 当固定 α 时，λ 和 β 两个后选集在 $\{10^{-4},10^{-3},10^{-2}\}$ 能够获得满意的结果；

(2) 当固定 λ 时，取不同的(α,β)值，MLWSE-L21 的性能是稳定的；

(3) 当固定 β 时，α 和 λ 两个后选集在 $\{10^{-5},10^{-4},10^{-3},10^{-2}\}$能够获得满意的结果。

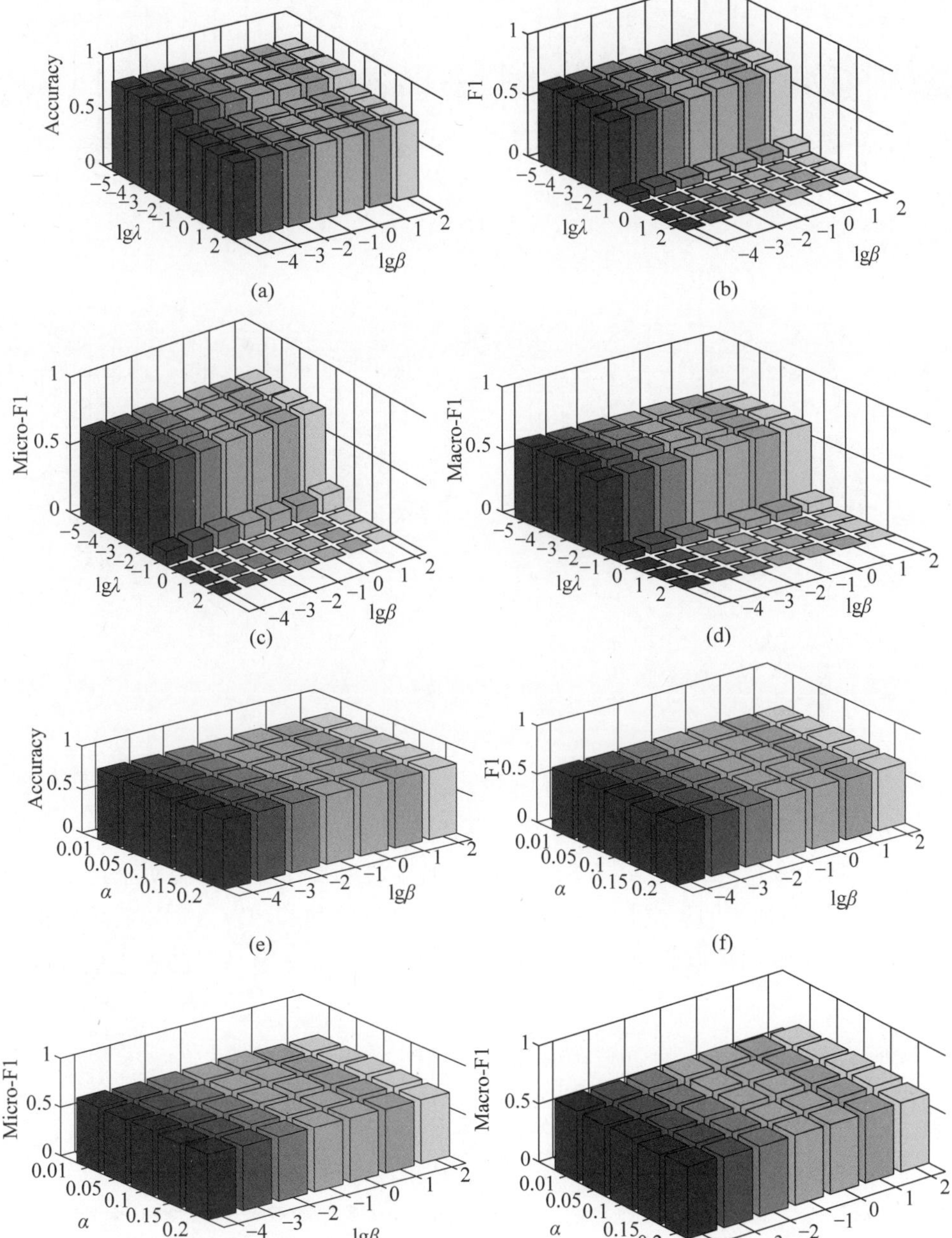

图 3.7 MLWSE-L21 参数敏感性分析

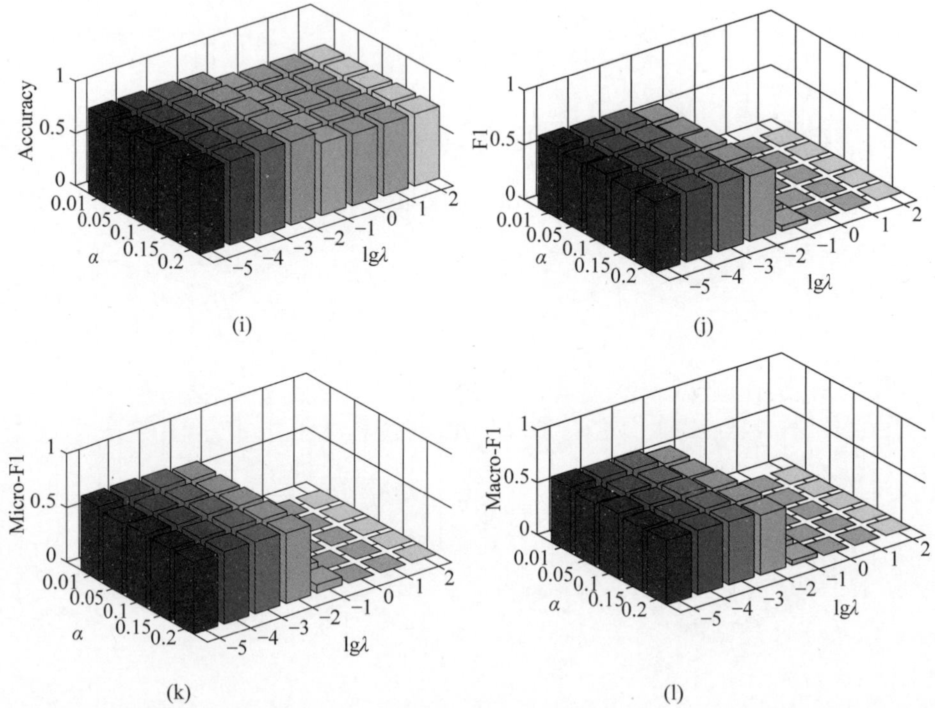

图 3.7 （续）

3.5.6 收敛性分析

分析 MLWSE-L1 和 MLWSE-L21 算法收敛性在 Emotions、Scene、Yeast 和 VirusGo 四个数据集。在 MLWSE 中，使用加速的近端梯度下降和块坐标下降两个算法来优化，加速的近端梯度已经被证明可以收敛到 $O(1/t^2)$[99]，而块坐标下降算法已经被证明可以收敛到 $O((\log t/t)^2)$[101]。图 3.8 显示了随着迭代数的增

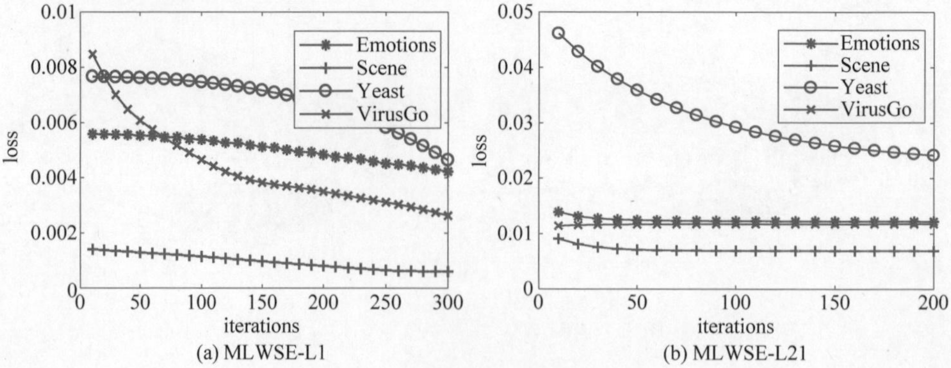

图 3.8 MLWSE 算法收敛性分析

加，MLWSE 损失值的变化情况，图 3.8(a)为 MLWSE-L1，当迭代到 300 时，损失值趋于稳定，当迭代次数到 200 时，损失值降到 0.008，对性能有较小的影响，因此我们实验设置迭代次数为 200；图 3.8(b)为 MLWSE-L21，当外循环迭代次数到 200 时，损失值趋于稳定，而内循环在我们的实验设置为 100，根据实验分析，提出的 MLWSE 有很好的收敛率并且比一些多标签集成方法较快，因为算法使用了加权的分类器选择策略，减少了计算开销。

3.6 本章小结

本章介绍了一种用于多标签分类的加权堆叠选择集成算法 MLWSE，它使用稀疏性进行正则化以促进分类器选择和集成构建，同时利用分类器权重和标签相关性来提高分类性能。另外，提出的 MLWSE 不仅可以作为标签元级特别特征选择方法，而且可以兼容任何现有的多标签分类算法作为其基分类器，最后提出的方法 MLWSE-L1 和 MLWSE-L21 在 13 个多标签基准数据集与真实的心血管和脑血管疾病数据集上进行了综合的实验分析，比较结果证实了算法的优势，且在真实的多标签应用中具有较好的实验结果。

第4章

基于流形子空间集成的不完全多标签学习

随着标签数量的增加，真实场景下多标签数据集普遍存在标签缺失现象，如在多标签推荐系统[111]和社交网络[112]中，观察到的标签只有正的和无标记的实例，也称为 PU 学习(Positive-Unlabeled Learning)[113-114]。由于标签的缺失问题，传统多标签学习方法的应用受到了限制。矩阵补全方法作为一种有效手段可以恢复缺失的数据[84-85]。然而，当前基于矩阵补全的多标签学习方法仍存在两大不足：一是未能充分利用特征辅助信息，尤其是忽略了不同流形子空间中的特征结构差异，限制了不完全多标签学习性能。二是当前多数矩阵补全策略主要聚焦于标签集的缺失问题，而忽视了特征集同样可能存在缺失情况，这种片面性极大限制了传统方法应对复杂数据场景的能力。为了解决这些问题，本章提出了一种基于流形子空间集成的不完全多标签学习算法 BDMC-EMR。该算法包含三大核心组件：联合共嵌入不完全多标签学习、共享的标签嵌入以及集成流形正则嵌入。BDMC-EMR 不仅高效地整合了特征辅助信息，而且在面对直推式[86]与归纳式[87]两种不同场景下的不完全多标签学习任务时，均展现出了卓越的性能表现。

4.1 引言

多标签学习已经被广泛应用于各种现实世界中，如推荐系统、社交网络分析和图像标注，它允许一个实例同时与多个标签关联。在传统多标签学习中，假设每个训练实例的所有相关标签都是已知的，然而在实际应用中这种假设是很难实现的。因为要标注所有相关标签是非常困难的，通常情况，只标注确信样本的相关标签，不标注不确信的样本。在图 4.1(a)中，实例 n_1 相关的标签有 mountain、sky、lake、house，仅标注了 mountain、lake、house 三个标签，忽视了标签 sky，如图 4.1(b)所示。当前，解决此类问题的方法大多数是基于低秩假设的弱标签学习方法[115-116]，然而在实际多标签场景中存在更为复杂的情况，如图 4.1(c)中，实例 n_1、n_2 和 n_3 仅有部分正标记被标注，即标记为 1，而其余的标签项完全没有被标注，如 n_4 和 n_5，对于这种弱标签学习场景，现有的研究大致可以分为半监督弱标签学习[117]和 PU 学习两类[118]。

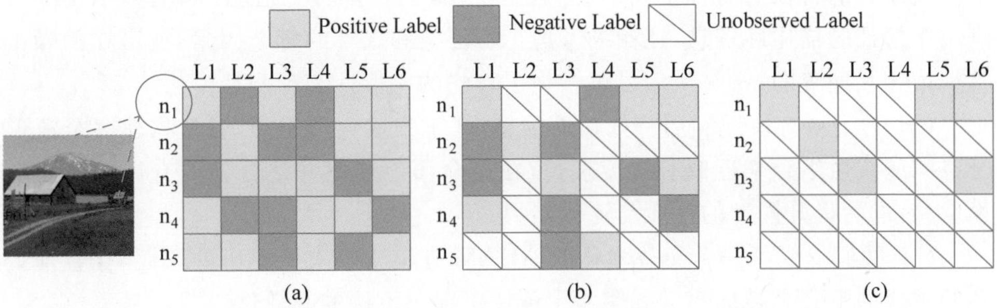

图 4.1 不完全多标签学习场景

从半监督学习视角，存在的方法大多聚焦于弱标签[115-116]或者噪声的特征学习[119-120]，Sun 等[115]提出了一种弱标签学习方法来处理弱标签问题(图 4.1(b))，Dong 等[116]提出了一种半监督的弱标签学习方法来处理 PU 问题(图 4.1(c))，但这些方法都假定特征空间是完整的。然而在实际场景中标签和特征都存在缺失现象，也就是说观察到的标注数据不仅标签是缺失的，而且特征是缺失的。因此，使得这些方法不适用于此复杂的应用场景。

从 PU 学习视角，弱监督多标签学习能被分解进入多个并行的 PU 学习任务，大多数方法主要是基于矩阵补全[119-121]，旨在通过联合辅助信息探索潜在空间矩阵的低秩属性来恢复缺失的标签。Hsieh 等[121]提出了一种考虑特征辅助信息的有偏归纳矩阵补全方法用于解决 PU 学习问题；Chiang 等[119]提出了一种考虑噪声的辅助信息来归纳矩阵补全，Guo 等[122]提出了一种凸的共嵌入方法来指导矩阵补全等，这些方法只考虑了标签空间的缺失，未考虑特征空间的缺失。因此，这些方法也不适用于特征和标签共同缺失的学习场景。为了解决特征和标签共同缺失的问题，本书介绍了一种双向的矩阵补全，联合了低秩矩阵补全和预测模型在共嵌入不完全多标签学习框架下来恢复缺失的特征值和标签值。

另一个值得注意的问题是，存在的大多数矩阵补全方法尽管利用了特征辅助信息来补全缺失的实例值，如归纳的矩阵补全[123]、加权的矩阵补全[124]、非凸的矩阵分解[125]、图卷积的矩阵补全[126]，但是这些方法都未最大地利用特征辅助信息。因此，本章采用集成学习策略，通过融合多个流形子空间的线性组合来逼近真实的本质流形。这一方法旨在最大限度地利用和整合各特征子空间中的辅助信息，以提升模型的准确性和鲁棒性。

综上所述，本章可以概括如下：

(1) 本章阐述了一种双向矩阵补全算法，该算法基于流形子空间的集成策略，以应对特征和标签同时缺失的多标签学习问题挑战。该算法巧妙融合了低秩矩阵补全技术与预测模型，在统一的共嵌入不完全多标签学习框架下协同工作，旨在精准恢复缺失的特征值与标签值。尤为值得一提的是，其内置的预测模型不仅深入利用了特征的描述性信息，还额外考虑了特征空间以外的复杂因素，如潜在的噪声特征或相互冲突的特征，从而显著增强了算法的鲁棒性和预测精度。

(2) 为了更有效地利用特征辅助信息，基于集成学习思想，通过构建多个流形子空间的线性组合来近似本质流形，旨在更全面地捕捉并整合各类有用的特征辅助信息，进而提升模型的性能与泛化能力。

(3) 我们提供了一个交替优化的 ADAM 方案来解决所提出的问题，在直推式和归纳式的不完全多标签学习实验上证明了提出方法的有效性。

4.2 问题描述

本节先对 PU 矩阵补全[127]和归纳矩阵补全[123]相关知识进行描述，其两者主要区别是，PU 矩阵补全没有考虑特征辅助信息，而归纳矩阵补全考虑了特征的辅助信息。在传统多标签学习中，令 $\boldsymbol{Y}\in\{0,1\}^{N\times L}$ 有 N 个样本、L 个标签的目标标签矩阵，给定观察的实例 Y_{ij}，传统矩阵补全是基于低秩结构假设恢复潜在的矩阵 $\hat{\boldsymbol{Y}}$[128-129]：

$$\min_{\boldsymbol{G},\boldsymbol{H}}\sum(Y_{ij}-(\boldsymbol{G}\boldsymbol{H}^{\mathrm{T}})_{ij})^2+\frac{\lambda}{2}(\|\boldsymbol{G}\|_F^2+\|\boldsymbol{H}\|_F^2) \tag{4.1}$$

式中：$\boldsymbol{G}\in\mathbb{R}^{N\times k}$ 和 $\boldsymbol{H}\in\mathbb{R}^{L\times k}$ 为最小化的低维潜在空间矩阵，维度 k 满足不少于 $\boldsymbol{Y}$ 的秩；λ 为正则参数。

在 PU 学习中，$\boldsymbol{Y}$ 是正的且无标签的矩阵，仅观察到 $\boldsymbol{Y}$ 的部分实例，当 Y_{ij} 被观察时，$Y_{ij}=1$，当 Y_{ij} 缺失时，$Y_{ij}=0$。PU 学习问题可以用基于代价敏感学习的有偏低秩矩阵补全公式来解决[114,130]，因此 PU 矩阵补全可描述为

$$\min_{\boldsymbol{G},\boldsymbol{H}}\|\Omega_Y\circ(\boldsymbol{G}\boldsymbol{H}^{\mathrm{T}}-\boldsymbol{Y})\|_F^2+\frac{\lambda}{2}(\|\boldsymbol{G}\|_F^2+\|\boldsymbol{H}\|_F^2) \tag{4.2}$$

式中：“$\circ$”是 Hadamard 积算子；Ω_Y 为误分代价权重。当 $Y_{ij}=1$，输出权值为 $\alpha\in[0,1]$，当为无标记的 Y_{ij}，输出权值为 $1-\alpha$。

辅助信息能有效提升矩阵补全性能[120,131]，尤其是当有“完美”的辅助信息时，仅需要少量的实例就可恢复潜在的矩阵。然而，在实际应用中不可能有“完美”的

辅助信息。假定给定 N 个样本的完全(没有缺失)特征矩阵为 $\hat{\boldsymbol{X}} \in \mathbb{R}^{N \times d}$,$d$ 是特征维度,通过特征辅助信息,可以使用一个更小的低秩矩阵 $\boldsymbol{M} \in \mathbb{R}^{d \times L}$ 来恢复目标矩阵 $\boldsymbol{Y}$:

$$\min_{\boldsymbol{M}} \sum (Y_{ij} - (\hat{\boldsymbol{X}}\boldsymbol{M})_{ij})^2 + \lambda \| \boldsymbol{M} \|_* \tag{4.3}$$

式中:$\| \boldsymbol{M} \|_*$ 为矩阵 $\boldsymbol{M}$ 的迹范数。

根据矩阵分解[123,129],矩阵 $\boldsymbol{M}$ 可以使用一个潜在维度的特征项矩阵 $\boldsymbol{W} \in \mathbb{R}^{d \times k}$ 和一个潜在维度的标签项矩阵 $\boldsymbol{H} \in \mathbb{R}^{L \times k}$ 来描述,则式(4.3)可写为

$$\min_{\boldsymbol{W},\boldsymbol{H}} \sum (Y_{ij} - (\hat{\boldsymbol{X}}\boldsymbol{W}\boldsymbol{H}^{\mathrm{T}})_{ij})^2 + \frac{\lambda}{2}(\| \boldsymbol{W} \|_F^2 + \| \boldsymbol{H} \|_F^2) \tag{4.4}$$

4.3 BDMC-EMR 算法描述

我们的目标是针对特征空间和标签空间都存在缺失的不完全多标签场景,即特征矩阵 $\boldsymbol{X} \in \mathbb{R}^{N \times d}$ 是局部地被观察,目标标签矩阵 $\boldsymbol{Y} \in \{0,1\}^{N \times L}$ 只有局部的标签被标注,因此 BDMC-EMR 算法不仅需要恢复特征矩阵,而且需要恢复目标标签矩阵,从而实现不完全多标签的学习。如图 4.2 所示,BDMC-EMR 学习目标 $\mathcal{L}$ 可以分解为三项:一是缺失特征空间矩阵恢复损失 $\mathcal{L}_{\text{fea}}$;二是不完全标签空间矩阵恢复损失 $\mathcal{L}_{\text{lab}}$;三是联合的共嵌入不完全多标签学习损失 $\mathcal{L}_{\text{co-emb}}$。则有

$$\mathcal{L} = \mathcal{L}_{\text{lab}} + \mathcal{L}_{\text{fea}} + \mathcal{L}_{\text{co-emb}} \tag{4.5}$$

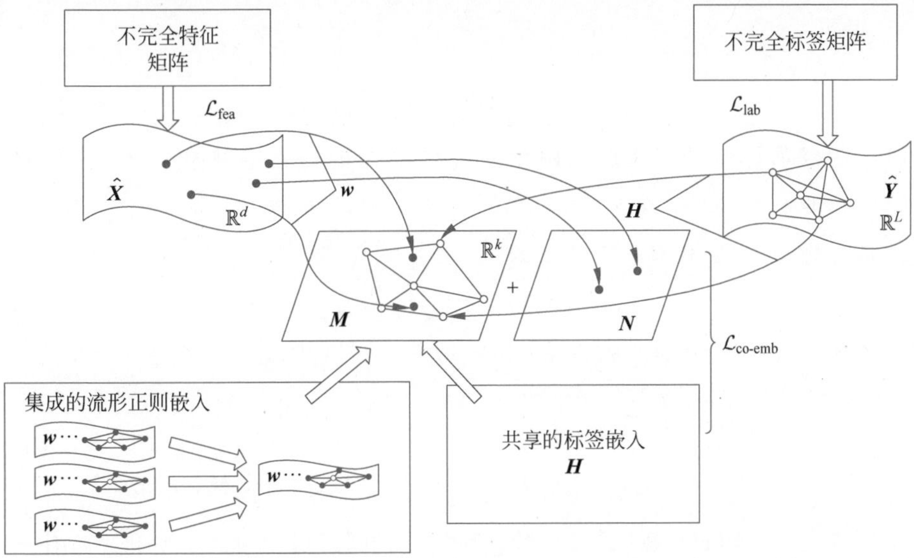

图 4.2　BDMC-EMR 整体框架

4.3.1 联合的共嵌入学习

在不完全多标签学习中，由于特征空间的缺失，仅仅使用式(4.3)归纳的矩阵补全来学习性能是不理想的。因为特征的缺失，补全的特征空间中存在许多噪声或者冲突的信息。为了更好地利用辅助信息，分解预测的模型进入两部分：一部分是捕捉有效的特征信息 $\hat{\boldsymbol{X}}\boldsymbol{M}$；另一部分是捕捉有效特征之外的信息 $\boldsymbol{N}$，如噪声特征或冲突的特征。因此，通过联合 *PU* 矩阵补全和预测模型共同学习不完全多标签，则有

$$\mathcal{L}_{\text{co-emb}}=\underset{\boldsymbol{M},\boldsymbol{N},\boldsymbol{G},\boldsymbol{H}}{\operatorname{argmin}}\sum\ell((\hat{\boldsymbol{X}}\boldsymbol{M}+\boldsymbol{N})_{ij},(\boldsymbol{G}\boldsymbol{H}^{\mathrm{T}})_{ij})+\lambda_M\|\boldsymbol{M}\|_*+\lambda_N\|\boldsymbol{N}\|_*+\frac{\lambda_Y}{2}(\|\boldsymbol{G}\|_F^2+\|\boldsymbol{H}\|_F^2) \tag{4.6}$$

式中：ℓ 为凸的平方损失；$\boldsymbol{M}$、$\boldsymbol{N}$ 是基于低秩先验的迹范数正则，为归纳式不完全多标签学习，学习是一种线性的预测，即 $\hat{\boldsymbol{X}}\boldsymbol{M}_*+\boldsymbol{N}_*$，此时 $\boldsymbol{N}\in\mathbb{R}^{L\times 1}$ 可以看作标签的偏向量。

在式(4.6)中，从 PU 矩阵补全视角，待恢复矩阵 $\hat{\boldsymbol{Y}}$ 可以基于低秩假设分解进入嵌入矩阵 $\boldsymbol{G}\in\mathbb{R}^{N\times k}$ 和 $\boldsymbol{H}\in\mathbb{R}^{L\times k}$，也就是说，为每一对嵌入($\boldsymbol{G}_i$ 和 $\boldsymbol{H}_j$)能产生一个联合得分 $\boldsymbol{G}_i\boldsymbol{H}_j^{\mathrm{T}}$ 来解释 $\hat{Y}_{ij}$；从预测视角，可以建立线性预测模型 $f:\mathbb{R}^d\rightarrow\mathbb{R}^L$ 来预测待恢复矩阵 $\hat{\boldsymbol{Y}}$，则有 $\hat{\boldsymbol{Y}}=\hat{\boldsymbol{X}}\boldsymbol{M}+\boldsymbol{N}$。

4.3.2 共享的标签嵌入

在式(4.6)中，预测模型忽视了标签之间的依赖关系，根据式(4.4)，归纳的矩阵补全能被估计通过分解进入两个共同维度 k 的嵌入空间 $\boldsymbol{W}\in\mathbb{R}^{d\times k}$ 和 $\boldsymbol{H}\in\mathbb{R}^{L\times k}$，因此产生了一个交互得分 $\boldsymbol{W}_i\boldsymbol{H}_j^{\mathrm{T}}$。为预测模型，替换 $\hat{\boldsymbol{Y}}=\hat{\boldsymbol{X}}\boldsymbol{M}+\boldsymbol{N}$ 中的 $\boldsymbol{M}$ 进入矩阵 $\boldsymbol{W}\in\mathbb{R}^{d\times k}$ 和 $\boldsymbol{H}\in\mathbb{R}^{L\times k}$，即

$$s(i,j)=\hat{\boldsymbol{X}}\boldsymbol{W}_i\boldsymbol{H}_j^{\mathrm{T}}+\boldsymbol{N} \tag{4.7}$$

因此，通过使用共享的标签嵌入矩阵 $\boldsymbol{H}\in\mathbb{R}^{L\times k}$，式(4.6)可描述为

$$\mathcal{L}_{\text{co-emb}}=\underset{\boldsymbol{N},\boldsymbol{W},\boldsymbol{G},\boldsymbol{H}}{\operatorname{argmin}}\sum\ell((\hat{\boldsymbol{X}}\boldsymbol{W}\boldsymbol{H}^{\mathrm{T}}+\boldsymbol{N})_{ij},(\boldsymbol{G}\boldsymbol{H}^{\mathrm{T}})_{ij})+\lambda_N\|\boldsymbol{N}\|_*+\frac{\lambda_M}{2}(\|\boldsymbol{W}\|_F^2+\|\boldsymbol{H}\|_F^2)+\frac{\lambda_Y}{2}(\|\boldsymbol{G}\|_F^2+\|\boldsymbol{H}\|_F^2) \tag{4.8}$$

其中标签嵌入矩阵 $\boldsymbol{H}\in\mathbb{R}^{L\times k}$ 以一种共享的形式同时地在预测模型和矩阵补全中进行了表达，使得标签的依赖关系被传达。

4.3.3 集成的流形正则嵌入

尽管式(4.8)所示的目标函数实现了将标签嵌入共嵌入框架中的统一目标，但尚未考虑有用的特征结构化辅助信息。受基于图结构的矩阵补全启发[132,133]，我们将实例之间的关系编码为辅助信息。因为图结构的信息在多标签场景中是普遍存在的，如在推荐系统的上下文中，其中图对应于用户之间的社交网络和产品之间的关系，因此可以引入图结构化信息。其定义为

$$\operatorname{tr}(\boldsymbol{W}^{\mathrm{T}}\hat{\boldsymbol{X}}^{\mathrm{T}}\boldsymbol{L}\hat{\boldsymbol{X}}\boldsymbol{W})=\frac{1}{2}\sum_{i_1,i_2}S_{i_1,i_2}\|\boldsymbol{W}^{\mathrm{T}}\hat{\boldsymbol{X}}_{i_1}-\boldsymbol{W}^{\mathrm{T}}\hat{\boldsymbol{X}}_{i_2}\|^2 \tag{4.9}$$

其中 $\boldsymbol{W}^{\mathrm{T}}\hat{\boldsymbol{X}}$ 可以看作 $\hat{\boldsymbol{X}}$ 的潜在特征表示，如果实例 i_1 和 i_2 之间是强关联的，S_{i_1,i_2} 越大，使得 $\boldsymbol{W}^{\mathrm{T}}\hat{\boldsymbol{X}}_{i_1}$ 越靠近 $\boldsymbol{W}^{\mathrm{T}}\hat{\boldsymbol{X}}_{i_2}$。$\boldsymbol{L}=\boldsymbol{D}-\boldsymbol{S}$ 为图拉普拉斯矩阵，其中 $\boldsymbol{D}$ 为对角矩阵，$\boldsymbol{S}\in\mathbb{R}^{N\times N}$ 为通过核计算的加权的关系矩阵[134]，可计算：

$$S_{ij}=\begin{cases}\mathrm{e}^{(-\|x_i-x_j\|^2/t)}, & x_j\in\mathcal{N}(x_i)\text{ 或 }x_i\in\mathcal{N}(x_j)\\ 0, & \text{其他}\end{cases} \tag{4.10}$$

式中：$\mathcal{N}(x_i)$ 表示样本 x_i 的 K-近邻；t 为高斯函数的参数。

在归纳的矩阵补全中(式(4.3))，如何有效地利用辅助信息放入一直是关键的研究问题[119]，然而，直接根据式(4.10)很难得到最优的图拉普拉斯矩阵。受集成流形正则化思想的启发[135-136]，我们提出了一种方法，即通过构建多个流形子空间的线性组合来逼近本质流形，从而最大化地挖掘和利用特征辅助信息的潜力。基于这一思想，式(4.8)可以进一步拓展并表述为

$$\begin{aligned}\mathcal{L}_{\text{co-emb}}=\underset{\boldsymbol{N},\boldsymbol{W},\boldsymbol{G},\boldsymbol{H}}{\operatorname{argmin}}&\sum\ell((\hat{\boldsymbol{X}}\boldsymbol{W}\boldsymbol{H}^{\mathrm{T}}+\boldsymbol{N})_{ij},(\boldsymbol{G}\boldsymbol{H}^{\mathrm{T}})_{ij})+\lambda_N\|\boldsymbol{N}\|_*+\\&\frac{\lambda_M}{2}(\|\boldsymbol{W}\|_F^2+\|\boldsymbol{H}\|_F^2)+\frac{\lambda_Y}{2}(\|\boldsymbol{G}\|_F^2+\|\boldsymbol{H}\|_F^2)+\\&\sum_r\beta_r\operatorname{tr}(\boldsymbol{W}^{\mathrm{T}}\hat{\boldsymbol{X}}^{\mathrm{T}}\boldsymbol{L}^{(r)}\hat{\boldsymbol{X}}\boldsymbol{W})\end{aligned} \tag{4.11}$$

式中：$\beta=[\beta_1,\beta_2,\cdots,\beta_R]$ 为每个候选拉普拉斯 $\boldsymbol{L}^{(r)}$ 的权重，且 $\sum_r\beta_r=1$。

4.3.4 双向矩阵补全

如图 4.2 所示，缺失的特征矩阵从左到右进行恢复，目标标签矩阵从右到左进行恢复，整个过程称为双向的矩阵补全。其中，$\mathcal{L}_{\text{lab}}$、$\mathcal{L}_{\text{fea}}$ 可表示为

$$\mathcal{L}_{\text{lab}}=\underset{\boldsymbol{G},\boldsymbol{H}}{\operatorname{argmin}}\|\boldsymbol{\Omega}_Y\circ(\boldsymbol{G}\boldsymbol{H}^{\mathrm{T}}-\boldsymbol{Y})\|_F^2+\frac{\lambda_Y}{2}(\|\boldsymbol{G}\|_F^2+\|\boldsymbol{H}\|_F^2) \tag{4.12}$$

$$\mathcal{L}_{\text{fea}} = \underset{\boldsymbol{U},\boldsymbol{V}}{\operatorname{argmin}} \| \boldsymbol{\Omega}_X \circ (\boldsymbol{U}\boldsymbol{V}^{\mathrm{T}} - \boldsymbol{X}) \|_F^2 + \frac{\lambda_X}{2}(\| \boldsymbol{U} \|_F^2 + \| \boldsymbol{V} \|_F^2) \tag{4.13}$$

式中：$\boldsymbol{\Omega}_Y$ 为基于式(4.2)的代价敏感性权重；$\boldsymbol{\Omega}_X$ 为观察 $\boldsymbol{X}$ 中编码二值矩阵。

4.4 BDMC-EMR 相关理论分析

下面将理论性地分析 BDMC-EMR 中辅助信息的影响。为便于分析，考虑式(4.6)的另外一个等价的硬约束形式：

$$\begin{aligned} &\min_{\boldsymbol{M},\boldsymbol{N}} \sum_{i,j \in \Omega_{\text{obs}}} \ell((\hat{\boldsymbol{X}}\boldsymbol{M} + \boldsymbol{N})_{ij}, \hat{\boldsymbol{Y}}_{ij}) \\ &\text{s.t. } \| \boldsymbol{M} \|_* \leqslant \mathcal{M}, \| \boldsymbol{N} \|_* \leqslant \mathcal{N} \end{aligned} \tag{4.14}$$

假设每个$(i,j) \in \Omega_{\text{obs}}$ 都是独立同分布的，其真实分布是未知的，每个值的索引值可表示为$\{(i_\alpha, j_\alpha)\}_{\alpha=1}^m$，且值存在上界记为 C_L。令 $\theta := (\boldsymbol{M}, \boldsymbol{N})$是任意的可行解且可行解集为 $\Theta := \{(\boldsymbol{M}, \boldsymbol{N}) \mid \| \boldsymbol{M} \|_* \leqslant \mathcal{M}, \| \boldsymbol{N} \|_* \leqslant \mathcal{N}\}$；$f_\theta(i,j) := \hat{\boldsymbol{X}}_i \boldsymbol{M} \boldsymbol{e}_j + \boldsymbol{e}_i^{\mathrm{T}} \boldsymbol{N} \boldsymbol{e}_j$ 表示参数为 θ 的估计函数，其中 $\boldsymbol{e}_i$、$\boldsymbol{e}_j$ 为单位向量，$F_\Theta := \{f_\theta | \theta \in \Theta\}$ 表示一系列可行解函数。

设$\mathcal{L}_\ell$是损失函数 ℓ 对应的 Lipschitz 常数，并假设它以$\mathcal{B}_\ell$为界，记 $n_{\max} = \max(N, L)$，$d_{\max} = \max(N+d, L)$。令$\hat{\boldsymbol{X}} = \sum_{i=1}^{d} \sigma_i u_i v_i^{\mathrm{T}}$ 是$\hat{\boldsymbol{X}}$ 的 SVD 分解，根据文献[131]，$\hat{\boldsymbol{X}}_\mu = \sum_{i=1}^{d} \sigma_1 I_\mu(\sigma_i / \sigma_1) u_i v_i^{\mathrm{T}}$ 是$\hat{\boldsymbol{X}}$ 的μ-informative 部分；$I_\mu(x)$ 是阈值操作，当$x \geqslant \mu$ 时，输出为x，否则为0；令γ为常数，记作$\min_i \| X_{i,:} \| / \max_i \| X_{i,:} \|$，则根据文献[131]，期望风险 $R_\ell(f)$ 存在上界。

定理 1：考虑式(4.6)的另一个等价的硬约束式(4.14)，则最优解 $R_\ell(f*)$的期望损失存在如下的界：

$$\begin{aligned} R_\ell(f*) \leqslant & \min\left(4\mathcal{L}_\ell \mathcal{N} \sqrt{\frac{\log 2n_{\max}}{m}}, \sqrt{36C\mathcal{L}_\ell \mathcal{B}_\ell \frac{\mathcal{N}(\sqrt{N} + \sqrt{L})}{m}}\right) + \\ & \frac{4\mathcal{L}_\ell C_L d_{\max}^2}{\mu^2 \gamma^2} \sqrt{\frac{\log 2d_{\max}}{m}} + \mathcal{B}_\ell \sqrt{\frac{\log \frac{1}{\delta}}{2m}} \end{aligned} \tag{4.15}$$

其中$\mathcal{N}$的度量与特征质量存在关系，当给定好的特征集时，$\hat{\boldsymbol{Y}}$ 将大部分依赖特征空间中的μ-informative 部分，也就是 $\hat{\boldsymbol{X}}\boldsymbol{M}$ 将吸收大部分 $\hat{\boldsymbol{Y}}$，这将使得$\mathcal{N}$较小，因此，在我们的方法中预测模型使用两部分来最大化地捕捉特征信息。此外，相比于文献[130]

中模型产生的样本复杂度为 $O(n^{3/2})$，根据文献[122,131]，我们模型产生的样本复杂度为 $O(n_{\max}\log n_{\max})$。

4.5 BDMC-EMR 算法优化

可以使用交替优化提出的目标，通过固定其中一个，求解另外一个，则式(4.14)的求解变为两个子问题：

$$\boldsymbol{M}^{(t+1)} \leftarrow \underset{\boldsymbol{M}}{\operatorname{argmin}} \sum_{i,j\in\Omega_{\text{obs}}} ((\hat{\boldsymbol{X}}\boldsymbol{M})_{ij} - (\hat{\boldsymbol{Y}} - \boldsymbol{N}^{(t)})_{ij})^2 + \lambda_M \|\boldsymbol{M}\|_* \quad (4.16)$$

$$\boldsymbol{N}^{(t+1)} \leftarrow \underset{\boldsymbol{N}}{\operatorname{argmin}} \sum_{i,j\in\Omega_{\text{obs}}} (\boldsymbol{N}_{ij} - (\hat{\boldsymbol{Y}} - \hat{\boldsymbol{X}}\boldsymbol{M}^{(t+1)})_{ij})^2 + \lambda_N \|\boldsymbol{N}\|_* \quad (4.17)$$

根据文献[127]，对于 $\min\limits_{\boldsymbol{X}} f(\boldsymbol{X}) + \lambda\|\boldsymbol{X}\|_*$ 问题，能被很好地优化通过 $\min\limits_{\boldsymbol{U},\boldsymbol{V}} f(\boldsymbol{U}\boldsymbol{V}^{\mathrm{T}}) + \lambda(\|\boldsymbol{U}\|^2 + \|\boldsymbol{V}\|^2)$，因此通过替换 $\hat{\boldsymbol{X}}$ 使用矩阵 $\boldsymbol{U}\boldsymbol{V}^{\mathrm{T}}$，$\hat{\boldsymbol{Y}}$ 使用 $\boldsymbol{G}\boldsymbol{H}^{\mathrm{T}}$，$\boldsymbol{M}$ 使用 $\boldsymbol{W}\boldsymbol{H}^{\mathrm{T}}$，$\boldsymbol{N}$ 使用 $\boldsymbol{P}\boldsymbol{Q}^{\mathrm{T}}$，相应矩阵的嵌入维度为 k_X、k_Y、k_M 和 k_N，并且 $\boldsymbol{L} = \sum\limits_r \beta_r \boldsymbol{L}^{(r)}$。联立式(4.11)～式(4.13)，最后的优化目标可以简写为

$$\mathcal{L} = \mathcal{L}_{\text{lab}}(\boldsymbol{G},\boldsymbol{H}) + \mathcal{L}_{\text{fea}}(\boldsymbol{U},\boldsymbol{V}) + \mathcal{L}_{\text{co-emb}}(\boldsymbol{U},\boldsymbol{V},\boldsymbol{W},\boldsymbol{G},\boldsymbol{H},\boldsymbol{P},\boldsymbol{Q},\boldsymbol{L}) \quad (4.18)$$

基于交替优化模式，式(4.18)可写为

$$\begin{cases} \boldsymbol{U}_*,\boldsymbol{V}_* = \mathcal{L}_{\text{fea}}(\boldsymbol{U},\boldsymbol{V}) + \mathcal{L}_{\text{co-emb}}(\boldsymbol{U},\boldsymbol{V},\boldsymbol{W}^{t-1},\boldsymbol{G}^{t-1},\boldsymbol{H}^{t-1},\boldsymbol{P}^{t-1},\boldsymbol{Q}^{t-1},\boldsymbol{L}) \\ \boldsymbol{W}_*,\boldsymbol{G}_*,\boldsymbol{H}_*,\boldsymbol{P}_*,\boldsymbol{Q}_* = \mathcal{L}_{\text{lab}}(\boldsymbol{G},\boldsymbol{H}) + \mathcal{L}_{\text{co-emb}}(\boldsymbol{U}^{t-1},\boldsymbol{V}^{t-1},\boldsymbol{W},\boldsymbol{G},\boldsymbol{H},\boldsymbol{P},\boldsymbol{Q},\boldsymbol{L}) \end{cases} \quad (4.19)$$

根据式(4.19)，可以使用 ADAM 作为随机梯度下降交替优化学习目标，算法整体描述在算法 4.1。

算法 4.1　BDMC-EMR（使用 ADAM 交替优化）

输入：
不完全特征矩阵 $\boldsymbol{X}$，局部观察标签矩阵 $\boldsymbol{Y}$，K-近邻数，最大迭代数 Tter
输出：
$\boldsymbol{U},\boldsymbol{V},\boldsymbol{W},\boldsymbol{G},\boldsymbol{H},\boldsymbol{P},\boldsymbol{Q}$
步骤：
1. 随机初始化矩阵 $\boldsymbol{U},\boldsymbol{V},\boldsymbol{W},\boldsymbol{G},\boldsymbol{H},\boldsymbol{P},\boldsymbol{Q},\beta = [1/R,1/R,\cdots,1/R]$
2. 计算每个候选拉普拉斯 $\boldsymbol{L}^{(r)}$，则集成流形 $\boldsymbol{L} = \sum\limits_r \beta_r \boldsymbol{L}^{(r)}$
3. **for** $t=1$ to Tter **do**
4. 　　$\boldsymbol{U}^t,\boldsymbol{V}^t = \text{ADAM}(\boldsymbol{W}^{t-1},\boldsymbol{G}^{t-1},\boldsymbol{H}^{t-1},\boldsymbol{P}^{t-1},\boldsymbol{Q}^{t-1},\boldsymbol{L})$
5. 　　$\boldsymbol{W}^t,\boldsymbol{G}^t,\boldsymbol{H}^t,\boldsymbol{P}^t,\boldsymbol{Q}^t = \text{ADAM}(\boldsymbol{U}^t,\boldsymbol{V}^t,\boldsymbol{L})$
6. end

4.6 实验结果与分析

为进行实验分析，我们设计实验在 2D 仿真数据集和 Benchmark 基准数据集上，从直推式[86]的不完全多标签学习和归纳式[87]的不完全多标签学习两方面验证 BDMC-EMR 算法性能。

4.6.1 2D 仿真实验

首先分析在噪声、“不完美”的辅助信息下，BDMC-EMR 算法的有效性。我们创建一个低秩矩阵 $\hat{\boldsymbol{Y}}=\boldsymbol{G}\boldsymbol{H}^{\mathrm{T}}$，使用矩阵 $\boldsymbol{G}\in\mathbb{R}^{200\times 25}$ 和 $\boldsymbol{H}\in\mathbb{R}^{50\times 25}$ 生成，其中 G_{ij}，$H_{ij}\sim\mathcal{N}(0,1)$，然后根据不同的标签缺失率 $\varepsilon\in[0.1,0.9]$，随机地从 $\hat{\boldsymbol{Y}}$ 中抽取观察实例 Ω_{obs} 形成观察矩阵 $\hat{\boldsymbol{Y}}_{\Omega}$。根据文献[131]，实验生成的“完美”辅助特征信息 $\hat{\boldsymbol{X}}\in\mathbb{R}^{200\times 50}$，满足条件 $\mathrm{col}(\hat{\boldsymbol{Y}})\subseteq\mathrm{col}(\hat{\boldsymbol{X}})$，并且基于 $\rho_{\mathrm{noise}}=\{0.1,0.3,0.5,0.8\}$ 得到不同质量的噪声特征，然后根据 $\rho_{\Omega_X}=\{100\%,80\%,60\%\}$ 随机地抽取形成不完全特征矩阵 $\hat{\boldsymbol{X}}_{\Omega}$。实验的目的是基于 $\hat{\boldsymbol{X}}_{\Omega}$ 和 $\hat{\boldsymbol{Y}}_{\Omega}$ 恢复矩阵 $\hat{\boldsymbol{Y}}$。

将提出的 BDMC-EMR 与相关的矩阵补全方法进行比较，如 MC-1[137]、Maxid[84]、COCO[138]、IMC[120]、DirtyIMC[119]等。为公平地比较，使用式(4.13)恢复缺失的特征，然后通过计算标签重建误差，即 $\|\hat{\boldsymbol{Y}}_*-\hat{\boldsymbol{Y}}\|_F^2/\|\hat{\boldsymbol{Y}}\|_F^2$，度量恢复矩阵 $\hat{\boldsymbol{Y}}$ 的能力，根据 $\rho_{\Omega_X}=\{100\%,80\%,60\%\}$，$\rho_{\mathrm{noise}}=\{0.1,0.3,0.5,0.8\}$ 和 $\varepsilon\in[0.1,0.9]$，随机开展实验 5 次并求平均，实验结果如图 4.3 所示。

实验结果分析如下：

(1) 当 $\rho_{\Omega_X}=100\%$ 时，表示“完美”的特征情况，几乎所有方法都有相似的结果(这是因为基于矩阵补全，好的特征质量能保证较好的恢复)。在 $\rho_{\Omega_X}=\{80\%,60\%\}$，$\rho_{\mathrm{noise}}=\{0.1,0.3,0.5,0.8\}$ 情况下，特征是不“完美”的且具有噪声，提出的 BDMC-EMR 方法较其他方法有较低的重建误差率，说明提出的方法对噪声敏感性较小(因为预测模型考虑了噪声的捕捉)。

(2) 特别地，当特征是不“完美”且具有噪声时，当标签缺失率 $\varepsilon\geqslant 0.5$ 时，BDMC-EMR 的性能较其他方法产生了更低的重建误差率。也就是说，标签缺失率越大，提出方法优势更大。这是因为 BDMC-EMR 不仅考虑了噪声的捕捉，而且使用集成流形嵌入，能更好地应用辅助的特征信息来恢复目标矩阵。

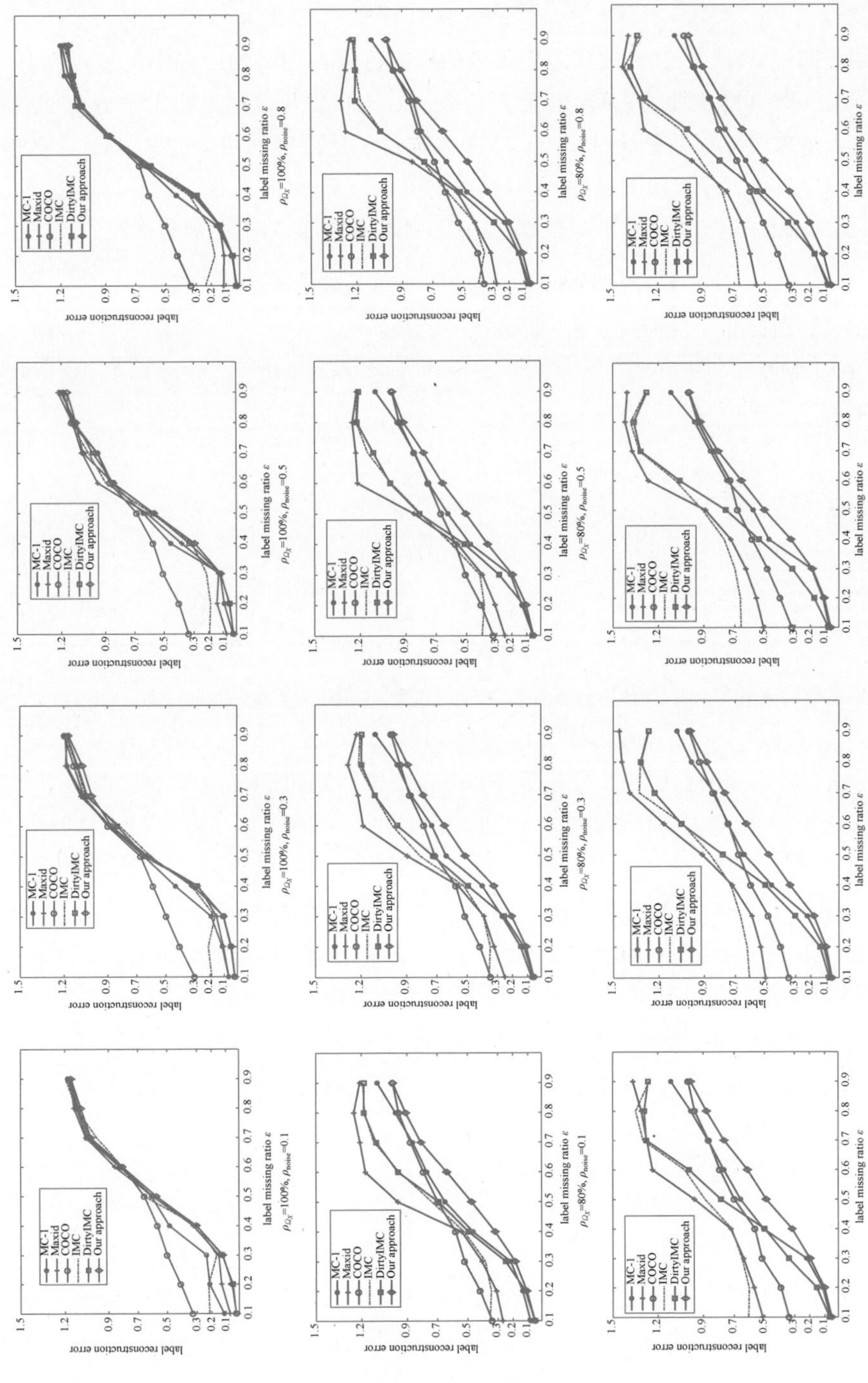
MC-1
Maxid
COCO
IMC
DirtyIMC
Our approach
label reconstruction error
label missing ratio ε
ρ_{Ω_X}=100%, ρ_{noise}=0.8
ρ_{Ω_X}=100%, ρ_{noise}=0.5
ρ_{Ω_X}=100%, ρ_{noise}=0.3
ρ_{Ω_X}=100%, ρ_{noise}=0.1
ρ_{Ω_X}=80%, ρ_{noise}=0.8
ρ_{Ω_X}=80%, ρ_{noise}=0.5
ρ_{Ω_X}=80%, ρ_{noise}=0.3
ρ_{Ω_X}=80%, ρ_{noise}=0.1
ρ_{Ω_X}=60%, ρ_{noise}=0.8
ρ_{Ω_X}=60%, ρ_{noise}=0.5
ρ_{Ω_X}=60%, ρ_{noise}=0.3
ρ_{Ω_X}=60%, ρ_{noise}=0.1

图 4.3 仿真实验结果

4.6.2 直推式不完全多标签学习

不同于归纳式学习，直推式学习中预测的样本已经在训练的过程中见过，我们使用两种类型的数据集来评估模型，包括 7 个 Benchmark 公开数据集和 1 个 real-world 真实世界心脑血管疾病数据集(CCD)。表 4.1 描述了数据集的相关信息，如：标签基数(LC)表示与每个实例相关的平均标签数；密度(Dens)定义为 LC 除以标签数；avgIR 度量所有标签的平均不平衡程度，avgIR 越大，数据集的不平衡程度越大。

表 4.1 Benchmark 公开数据集和真实世界数据集

Datasets	Domain	Instance	Features	Labels	LC	Dens	avgIR
Medical	Medicine	978	1449	45	1.245	0.028	89.501
Enron	Web	1702	1001	53	3.378	0.064	73.953
Langlog	Web	1460	1004	75	1.180	0.016	39.267
GnegativeGo	Biology	1392	1717	8	1.046	0.131	18.448
PlantPseAAC	Biology	978	440	12	1.079	0.090	6.690
VirusGo	Biology	207	749	6	1.217	0.203	4.041
Genbase	Biology	662	1186	27	1.252	0.046	37.315
CCD	Medicine	3823	59	9	1.362	0.151	21.673

为评估提出的方法，我们比较了 8 种优秀的矩阵补全方法，如 MC-1[137]、Maxid[84]、COCO[138]、DirtyIMC[119]、BiasIMC[121]、CoEmbed[122]、ColEmbed_L[139]、ColEmbed_NL[139] 和提出方法的一部分 GraphIMC。随机的抽取 60%的特征实例标记为缺失特征矩阵，且随机地抽取 $\varepsilon \in \{30\%, 50\%, 80\%\}$ 为正标签，其余的标记为无标签，在我们的实验，k_X、k_Y、k_M 和 k_N 设置到 30，参数 λ 设置范围为 10^{-4}，10^{-3}，…，10^2。为 PU 矩阵补全，根据文献[121]，设置误分权重 $\alpha=(1+\rho)/2$，其中 ρ 为观察矩阵中正标签的所占比例。为集成流形正则，候选超参设置为 $t=\{0.5, 1\}$，K-近邻范围设置为$\{5, 10\}$，β 设置为平均权重，因此得到了 4 个不同的图来估计本质流形。使用 Macro-AUC[30] 评估重建的标签矩阵的性能，并使用 sigmoid 函数输出得到最后标记，即当 $\hat{\boldsymbol{Y}}$ 得到之后，如果 $\sigma(\hat{Y}_{ij})>0.5$，设置 $Y_{ij}=1$，否则为 0。实验结果见表 4.2。

实验结果分析如下：

(1) 我们提出的方法和 PU 矩阵补全方法，如 BiasIMC 相比，获得了较好的性能，原因是 BDMC-EMR 将预测模型和 PU 矩阵补全模型结合在一起来恢复底层矩阵。

(2) 我们提出方法与其他矩阵补全方法，如 MC-1、Maxid、COCO、CoEmbed、ColEmbed_L、ColEmbed_NL 相比，在大多数情况下获得了具有竞争力的性能，因为我们提出的方法通过集成流形更好地应用了特征辅助信息。

表 4.2 直推式不完全多标签学习实验结果(Macro-AUC)

Datasets	Missing ratio	MC-1	Maxid	COCO	DirtyIMC	BiasIMC	CoEmbed	ColEmbed _ L	ColEmbed _ NL	GraphIMC	Our approach
Medical	ε=30%	67.086±4.531	60.404±4.306	64.544±2.427	66.690±1.857	80.575±3.701	79.853±0.390	79.795±0.698	79.449±1.018	81.047±4.323	**82.853±2.389**
	ε=50%	66.205±0.979	59.932±1.453	59.901±2.177	66.574±3.267	77.028±1.612	78.810±3.563	77.827±0.791	77.596±1.276	80.199±1.037	**81.283±0.463**
	ε=80%	64.016±1.579	56.809±2.248	57.868±4.895	58.396±2.180	76.862±2.210	76.147±1.755	77.315±0.781	77.153±0.629	79.196±1.440	**80.328±0.783**
Enron	ε=30%	70.843±3.203	58.730±1.650	70.501±2.546	66.239±1.899	79.717±0.413	83.892±0.959	83.685±0.646	82.552±0.503	83.842±0.938	**83.893±0.588**
	ε=50%	70.174±3.184	60.268±2.419	66.322±1.097	68.588±1.295	80.522±0.682	82.259±0.711	83.080±0.497	**83.338±0.426**	82.778±0.682	82.974±0.629
	ε=80%	69.562±3.031	60.203±2.089	58.902±1.944	58.396±2.180	76.862±2.209	76.147±1.75	77.315±0.781	77.153±0.629	79.196±1.144	**80.328±0.783**
Langlog	ε=30%	64.810±3.323	65.316±5.535	60.598±0.405	69.094±1.566	75.090±0.800	76.174±0.678	73.262±0.330	72.582±0.357	72.182±0.218	**76.274±0.388**
	ε=50%	69.619±3.788	69.116±4.042	59.241±1.781	67.825±0.749	73.437±0.458	**73.752±1.107**	72.650±0.688	71.379±0.262	70.691±0.041	72.950±1.042
	ε=80%	64.745±3.311	67.482±4.986	55.554±1.260	66.094±1.687	70.287±0.196	**73.240±1.243**	72.642±0.455	71.497±0.362	70.687±0.129	71.349±0.270
GnegativeGo	ε=30%	71.210±4.599	72.112±2.117	70.978±4.502	68.509±0.456	68.011±3.815	71.263±0.429	**72.774±0.543**	72.011±0.517	70.536±0.923	71.120±0.701
	ε=50%	69.851±4.407	70.595±3.793	68.140±1.809	67.528±0.468	70.382±0.629	68.998±0.391	69.593±1.430	70.651±0.263	68.293±0.741	**70.738±0.357**
	ε=80%	69.274±4.186	66.727±3.067	68.293±1.726	67.014±0.605	68.289±0.785	68.152±0.402	67.930±1.038	**69.677±0.633**	68.390±0.266	69.288±0.869
PlantPseAAC	ε=30%	56.076±1.472	57.401±2.433	68.465±1.152	62.812±0.469	63.154±1.411	68.261±0.313	66.762±0.731	70.727±2.103	65.090±0.585	**71.330±1.214**
	ε=50%	50.696±1.481	59.535±3.459	68.217±0.747	61.201±0.538	62.996±0.586	67.456±1.336	65.233±0.990	69.046±1.383	63.613±0.746	**69.504±0.800**
	ε=80%	50.309±5.890	60.920±4.499	65.418±3.030	60.633±0.849	61.545±0.908	**62.956±0.730**	62.301±0.787	62.217±0.530	62.177±0.838	62.733±0.873
VirusGo	ε=30%	70.591±1.212	70.043±5.625	58.657±2.691	70.267±0.749	67.195±1.373	**71.668±0.526**	70.958±2.261	68.890±0.851	68.160±1.626	69.760±1.655
	ε=50%	67.907±4.821	65.390±1.250	63.153±3.093	69.729±1.062	65.461±0.709	**70.035±0.904**	69.556±0.344	69.033±0.393	69.123±0.819	69.983±0.337
	ε=80%	65.551±1.432	64.456±2.090	65.779±2.952	67.020±0.806	63.331±0.892	67.205±0.733	**67.945±0.641**	67.936±0.733	65.489±0.311	67.689±0.698
Genbase	ε=30%	51.767±5.915	55.208±6.471	65.553±3.153	64.242±0.610	64.211±1.053	66.948±0.625	67.105±1.061	**67.482±0.367**	65.158±0.681	67.397±0.725
	ε=50%	51.249±1.657	55.275±4.926	64.439±2.468	62.327±0.274	60.543±0.878	64.375±0.428	65.873±0.626	65.776±0.605	63.476±0.301	**66.291±0.417**
	ε=80%	48.698±4.566	52.368±2.236	57.293±2.785	61.331±0.754	59.495±0.742	62.632±0.303	62.861±0.642	63.355±0.340	61.792±0.480	**63.446±0.283**
CCD	ε=30%	71.318±3.964	72.313±1.269	80.270±0.253	74.186±1.840	76.319±2.952	87.460±0.447	85.190±2.717	89.200±0.813	86.551±0.347	**89.362±0.173**
	ε=50%	69.463±0.168	69.740±6.625	79.518±1.123	71.768±0.351	74.119±0.823	83.346±1.778	83.359±0.501	86.625±0.904	80.927±0.770	**86.827±1.303**
	ε=80%	67.776±1.642	70.269±1.267	78.175±0.295	68.522±0.373	69.623±0.505	78.735±0.666	80.336±0.638	81.716±0.766	79.177±0.653	**81.758±1.026**

4.6.3 归纳式不完全多标签学习

我们在 8 个多标签数据集上评估归纳不完全多标签学习性能，为所有的数据集，随机抽取 80%的实例进行训练，其余 20%的数据用于测试，设置 $\boldsymbol{N}\in\mathbb{R}^{L\times 1}$，其他参数设置和直推式不完全多标签学习一样。不同之处是，使用度量标准 precision@k 和 ndcg@k 评估归纳式不完全多标签学习，令预测得分向量为 $\hat{\boldsymbol{y}}\in\mathbb{R}^{L}$，真实的标签向量为 $\boldsymbol{y}\in\{0,1\}^{L}$，则 precision@$k$ 和 ndcg@k 描述为[140]：

$$
\begin{aligned}
p@k &= \frac{1}{k}\sum_{l\in \mathrm{rank}_k(\hat{\boldsymbol{y}})} y_l \\
\mathrm{DCG}@k &= \sum_{l\in \mathrm{rank}_k(\hat{\boldsymbol{y}})} \frac{y_l}{\log(l+1)} \\
\mathrm{ndcg}@k &= \frac{\mathrm{DCG}@k}{\sum\limits_{l=1}^{\min(k,\|\boldsymbol{y}\|_0)} \frac{1}{\log(l+1)}}
\end{aligned}
\tag{4.20}
$$

根据标签缺失率 $\varepsilon\in\{30\%,50\%,80\%\}$，$p$@$k$ (1, 3, 5)和 ndcg@k (3, 5)实验结果分别列在表 4.3～表 4.5 中。

基于表 4.2～表 4.5 所示结果，在大多数情况下，我们的方法在直推式和归纳式的不完全多标签学习任务中取得了较好的实验结果。提出的 BDMC-EMR 算法优势：一是通过联合低秩矩阵补全和预测模型在共嵌入不完全多标签学习框架下来恢复缺失的特征值和标签值，不仅考虑了特征描述信息，而且考虑了特征空间之外的信息，如噪声的特征或冲突的特征；二是为了更好地利用特征辅助信息，算法利用多个流形子空间的线性组合来对本质流形进行估计，可以更好地捕捉有用的特征辅助信息，相较于其他方法，实验在直推式和归纳式的不完全多标签学习任务上能够取得较好的结果。

表 4.3　归纳式不完全多标签学习实验结果($\varepsilon=30\%$)

Datasets	Metrics	Methods							
		Maxid	DirtyIMC	BiasIMC	CoEmbed	ColEmbed_L	ColEmbed_NL	GraphIMC	Our approach
Medical	p@1	13.571±4.308	11.837±2.122	27.653±3.048	25.204±3.031	24.890±0.792	25.841±0.731	27.176±1.123	**31.751±0.445**
	p@3	9.490±3.223	11.122±0.766	17.687±0.908	18.673±2.361	18.639±0.572	20.238±1.475	17.143±1.352	**21.122±2.480**
	p@5	7.939±2.411	11.000±0.512	13.245±0.651	14.959±2.323	18.633±0.691	**19.367±0.925**	12.673±0.741	15.082±1.606
	ndcg@3	19.222±4.478	12.547±2.026	35.963±2.588	31.899±4.981	21.608±1.611	25.018±2.969	35.893±3.972	**45.378±4.930**
	ndcg@5	23.319±3.724	13.119±1.999	40.627±2.402	34.971±6.55	24.229±2.447	27.049±2.993	40.112±3.669	**49.538±4.923**
Enron	p@1	13.314±1.321	21.525±0.703	37.097±2.677	36.141±6.834	39.677±2.115	41.407±1.552	40.602±0.4	**41.462±0.264**
	p@3	8.993±0.887	21.603±0.467	29.844±2.12	36.454±3.334	**38.68±1.113**	36.872±1.576	34.565±1.218	35.855±1.256
	p@5	7.836±0.775	21.877±0.313	22.035±1.708	32.493±4.712	**33.212±1.649**	32.962±1.566	27.238±0.938	30.563±0.765
	ndcg@3	12.190±1.270	21.784±0.519	33.775±1.901	37.769±4.031	39.429±1.08	39.467±1.421	38.535±1.272	**40.643±1.793**
	ndcg@5	13.518±1.425	22.464±0.57	35.675±2.119	41.345±4.671	40.672±1.199	39.837±1.5	39.272±1.125	**41.468±1.403**
Langlog	p@1	24.726±3.627	24.411±1.916	22.397±1.388	41.397±4.85	36.096±2.453	38.123±4.857	45.205±3.038	**46.973±4.466**
	p@3	29.245±3.966	26.169±2.722	25.502±5.606	42.836±2.415	36.804±3.26	34.128±4.734	42.626±2.896	**43.479±4.694**
	p@5	31.301±2.614	27.411±2.228	28.562±7.355	40.027±2.79	36.288±3.001	32.699±6.062	40.055±2.981	**40.795±4.856**
	ndcg@3	28.297±4.816	25.852±2.626	24.887±4.519	42.874±2.8	36.759±3.056	35.142±4.081	43.36±2.509	**44.463±4.5**
	ndcg@5	30.137±3.693	26.894±2.272	27.221±6.098	41.346±2.356	36.544±2.919	34.052±5.124	41.649±2.62	**42.633±4.559**
GnegativeGo	p@1	40.609±1.057	19.986±4.562	28.846±3.491	40.839±4.487	41.219±5.05	42.079±6.038	46.452±5.659	**55.713±3.098**
	p@3	25.400±2.258	19.532±7.554	26.122±5.692	28.509±6.454	23.465±1.538	34.576±1.309	25.687±1.32	**29.391±2.01**
	p@5	18.165±1.689	19.842±7.85	26.05±9.004	24.308±11.531	17.864±1.005	**32.616±1.026**	18.423±0.663	19.384±0.417
	ndcg@3	55.989±0.842	36.256±10.906	41.907±8.597	57.928±7.201	56.518±4.342	53.735±4.885	62.631±4.699	**74.404±7.211**
	ndcg@5	61.643±0.804	49.166±11.832	52.827±7.343	67.57±2.055	63.808±4.524	61.237±5.457	68.546±4.088	**77.843±5.556**

续表

Datasets	Metrics	Methods							
		Maxid	DirtyIMC	BiasIMC	CoEmbed	ColEmbed _ L	ColEmbed _ NL	GraphIMC	Our approach
PlantPseAAC	p@1	11.122±2.636	4.694±1.163	7.143±2.366	21.02±9.69	14.796±5.895	14.898±1.956	17.755±5.03	**23.878±6.284**
	p@3	11.769±0.783	3.878±0.556	8.503±1.89	16.361±6.59	12.993±1.01	11.054±1.991	13.878±1.818	**16.463±3.207**
	p@5	11.714±0.785	3.959±0.459	9.367±1.379	**14.367±4.067**	11.367±0.769	9.571±0.605	11.388±1.382	12.878±1.71
	ndcg@3	23.367±0.597	8.233±1.474	16.459±3.687	35.083±14.612	26.992±4.025	23.882±3.808	30.31±4.767	**37.067±7.566**
	ndcg@5	32.248±1.130	11.332±1.692	24.806±4.226	**44.125±14.985**	33.927±3.636	29.548±2.427	36.284±5.254	42.84±7.336
VirusGo	p@1	51.905±1.491	30.476±10.157	28.857±6.79	38.095±5.051	**59.524±5.584**	27.619±3.611	44.761±8.458	50.667±7.297
	p@3	32.937±1.035	27.302±4.511	20.159±3.487	25.556±5.623	32.381±0.869	23.968±2.472	30.159±3.847	**33.810±2.839**
	p@5	22.476±0.928	22.476±0.976	19.81±1.636	21.048±2.638	23.143±1.096	20.762±0.797	22.762±0.976	**23.428±1.278**
	ndcg@3	64.592±5.796	51.756±12.568	37.801±8.2	52.036±7.96	**71.548±2.034**	46.878±4.675	60.944±7.124	71.478±2.609
	ndcg@5	67.177±5.214	62.558±8.545	51.15±6.602	62.029±6.174	**78.167±3.067**	57.771±3.881	69.526±3.764	77.826±4.355
Genbase	p@1	2.557±3.172	2.406±4.97	4.812±4.403	5.263±7.939	6.767±8.975	10.226±1.961	4.962±6.214	**12.18±11.395**
	p@3	3.408±2.789	3.91±3.587	6.266±3.085	5.213±3.236	5.013±4.25	7.068±1.14	7.769±4.088	**7.82±5.374**
	p@5	3.549±2.657	4.662±4.516	5.353±1.673	5.263±2.15	5.083±3.203	5.925±0.538	**7.609±2.041**	6.466±4.124
	ndcg@3	4.492±4.422	7.138±7.735	10.705±6.151	9.892±9.167	9.524±10.55	15.673±3.291	13.84±7.547	**16.097±13.741**
	ndcg@5	7.098±5.886	11.689±12.662	13.587±5.757	13.697±9.769	12.985±1.261	18.667±2.883	**19.448±6.595**	18.826±15.721
CCD	p@1	25.974±1.104	10.824±9.221	43.047±5.392	33.098±11.325	43.356±14.015	43.373±1.072	39.778±7.762	**44.693±3.314**
	p@3	32.183±1.065	12.366±6.998	37.734±7.334	25.42±7.381	35.312±4.235	30.632±0.625	30.871±5.058	**41.133±7.921**
	p@5	30.975±1.135	17.401±7.342	32.622±3.952	31.153±7.31	26.261±6.477	21.684±0.353	31.15±9.342	**34.515±8.082**
	ndcg@3	35.643±1.065	14.233±9.138	47.568±8.629	32.124±11.336	42.727±6.588	42.706±1.25	37.71±7.542	**48.467±10.423**
	ndcg@5	47.928±1.615	25.314±12.483	54.219±7.621	50.153±12.14	42.607±6.587	45.619±1.32	46.356±6.453	**54.605±8.976**

表 4.4 归纳式不完全多标签学习实验结果（$\varepsilon=50\%$）

Datasets	Metrics	Methods							
		Maxid	DirtyIMC	BiasIMC	CoEmbed	ColEmbed_L	ColEmbed_NL	GraphIMC	Our approach
Medical	p@1	9.184±3.166	10.424±1.089	26.429±2.984	28.616±3.936	22.563±2.109	28.176±1.005	27.192±4.14	**34.845±3.428**
	p@3	6.837±1.793	10.561±0.867	17.109±1.17	19.875±4.764	22.835±1.928	**25.284±0.753**	15.491±2.842	19.063±1.351
	p@5	5.694±0.840	10.71±0.761	12.551±0.746	16.922±5.786	23.033±1.774	**24.176±0.622**	10.478±1.74	12.804±1.503
	ndcg@3	13.497±3.871	11.878±1.138	35.336±1.926	31.639±1.53	25.351±2.73	30.858±1.276	34.889±5.168	**42.7±2.3**
	ndcg@5	16.334±3.342	13.188±0.836	39.264±1.814	34.931±2.897	28.121±3.102	33.02±1.128	38.698±3.884	**46.729±2.835**
Enron	p@1	13.842±3.022	12.17±0.765	23.619±4.245	20.158±5.207	20.264±1.796	28.534±4.592	33.354±2.952	**34.703±3.412**
	p@3	9.677±1.163	12.053±0.684	19.22±1.542	19.533±4.822	18.387±0.988	23.978±1.611	22.836±4.129	**25.045±3.815**
	p@5	8.035±0.954	12.416±0.459	14.716±5.153	15.912±3.17	18.035±0.845	**20.991±0.739**	15.324±5.03	17.647±4.788
	ndcg@3	12.985±2.019	12.174±0.714	21.772±2.372	21.022±5.808	19.38±1.363	25.458±1.95	27.092±3.457	**29.113±3.365**
	ndcg@5	13.780±1.900	12.906±0.638	23.469±2.477	24.271±6.009	20.776±1.411	25.639±1.407	27.55±3.81	**30.139±3.84**
Langlog	p@1	28.699±3.332	22.397±2.133	38.219±3.276	37.877±2.166	38.493±3.135	37.863±5.224	41.356±2.29	**44.507±4.308**
	p@3	32.260±2.895	23.333±4.393	35.982±1.381	37.836±3.485	37.534±1.22	34.804±2.963	39.37±2.073	**41.493±3.151**
	p@5	33.384±2.997	23.507±6.709	33.822±1.472	36.877±5.384	36.548±2.239	33.548±4.853	36.959±3.229	**39.055±2.634**
	ndcg@3	31.487±2.847	23.233±3.682	36.677±1.274	38.884±2.068	37.803±1.29	35.566±2.801	40.006±1.993	**42.418±3.459**
	ndcg@5	32.584±2.989	23.466±5.516	35.438±1.063	38.182±3.527	37.174±1.815	34.647±3.732	38.556±2.822	**40.774±3.025**
GnegativeGo	p@1	40.638±5.544	24.853±4.592	27.534±2.11	42.688±4.562	42.663±3.152	35.495±1.52	40.358±2.174	**46.771±4.618**
	p@3	26.032±0.522	21.579±9.226	29.732±2.697	33.369±6.049	**36.188±4.492**	31.217±2.94	23.632±0.867	26.858±1.228
	p@5	19.255±0.732	20.824±10.626	31.434±3.172	28.681±8.866	**33.229±4.627**	29.358±3.21	17.462±0.547	18.624±0.565
	ndcg@3	62.745±1.540	40.06±7.517	41.082±2.034	62.918±4.168	59.726±3.971	48.653±1.937	56.894±2.102	**66.999±5.205**
	ndcg@5	71.887±1.518	50.875±8.895	53.887±3.545	**72.184±3.298**	69.118±3.219	56.098±2.584	63.199±1.768	71.825±4.783

续表

Datasets	Metrics	Methods							
		Maxid	DirtyIMC	BiasIMC	CoEmbed	ColEmbed _ L	ColEmbed _ NL	GraphIMC	Our approach
PlantPseAAC	p@1	12. 755±3. 307	4. 898±1. 715	15. 388±2. 766	22. 347±5. 297	19. 49±2. 327	**22. 653±4. 626**	20. 306±4. 182	22. 347±4. 439
	p@3	12. 653±1. 892	3. 81±0. 728	15. 592±4. 358	17. 823±3. 277	**19. 014±1. 577**	21. 19±1. 651	15. 578±0. 921	17. 619±3. 264
	p@5	12. 041±1. 887	3. 837±0. 636	15. 49±4. 899	18. 735±4. 399	18. 776±1. 08	**19. 469±0. 87**	12. 469±1. 112	14. 286±1. 672
	ndcg@3	25. 991±4. 396	8. 265±1. 705	25. 336±4. 74	32. 837±10. 134	28. 031±3. 373	32. 817±4. 297	33. 675±3. 081	**37. 542±6. 402**
	ndcg@5	34. 658±5. 748	11. 333±2. 143	32. 433±5. 812	44. 482±8. 108	34. 429±3. 634	38. 126±3. 473	39. 552±3. 887	**44. 851±5. 576**
VirusGo	p@1	47. 524±5. 678	37. 143±22. 688	26. 19±10. 378	43. 733±3. 297	**50. 952±11. 244**	37. 905±5. 869	44. 286±8. 35	**50±5. 832**
	p@3	32. 003±1. 332	27. 937±9. 596	22. 698±3. 62	27. 225±8. 204	**32. 54±0. 972**	32±3. 117	29. 524±3. 432	29. 524±2. 054
	p@5	23. 333±0. 476	23. 429±2. 059	21. 048±1. 887	21. 543±3. 229	23. 238±0. 916	**24. 4±6. 514**	21. 905±1. 468	23. 81±0. 891
	ndcg@3	65. 038±4. 224	55. 506±22. 655	41. 102±9. 896	55. 598±11. 846	**67. 063±4. 201**	53. 82±4. 868	59. 834±5. 569	62. 013±2. 624
	ndcg@5	66. 162±2. 747	66. 799±15. 249	54. 615±6. 605	64. 266±8. 38	**73. 773±4. 527**	67. 261±4. 422	67. 009±4. 734	72. 317±2. 082
Genbase	p@1	1. 203±1. 887	2. 707±2. 413	6. 015±3. 486	1. 805±1. 961	3. 113±5. 733	**7. 423±0. 885**	5. 113±5. 083	6. 917±5. 484
	p@3	3. 910±2. 056	3. 409±2. 974	4. 612±1. 668	3. 158±1. 402	4. 416±2. 327	**6. 116±1. 748**	3. 609±3. 582	5. 915±3. 703
	p@5	5. 353±3. 385	3. 008±2. 278	5. 534±2. 39	3. 308±0. 774	4. 977±3. 235	**5. 953±2. 101**	4. 03±2. 586	5. 293±2. 257
	ndcg@3	5. 896±3. 366	5. 444±5. 519	8. 917±3. 813	4. 631±2. 824	9. 24±5. 155	11. 228±3. 629	7. 181±8. 067	**11. 313±7. 668**
	ndcg@5	11. 263±6. 784	6. 644±6. 521	13. 928±6. 19	6. 756±2. 731	13. 19±6. 595	14. 593±3. 89	10. 347±8. 476	**14. 642±7. 467**
CCD	p@1	25. 543±0. 992	29. 137±4. 046	44. 601±8. 226	42. 575±2. 676	**44. 745±3. 807**	44. 627±1. 249	41. 421±1. 777	44. 255±2. 975
	p@3	32. 275±2. 521	34. 27±4. 582	35. 229±9. 171	41. 346±11. 855	38. 035±14. 965	31. 355±0. 962	36. 749±8. 992	**43. 73±8. 153**
	p@5	33. 401±4. 841	37. 284±8. 077	30. 803±5. 81	37. 72±16. 482	32. 01±6. 466	22. 363±0. 702	44. 042±5. 499	**39. 692±9. 606**
	ndcg@3	29. 033±6. 852	35. 147±3. 989	44. 494±7. 201	46. 935±7. 334	39. 491±17. 031	43. 397±1. 164	37. 197±7. 407	**49. 049±8. 133**
	ndcg@5	36. 593±3. 101	43. 367±7. 586	51. 9±5. 799	52. 319±10. 26	50. 531±2. 628	46. 49±1. 301	49. 213±3. 813	**52. 982±4. 932**

表 4.5　归纳式不完全多标签学习实验结果($\varepsilon=80\%$)

Datasets	Metrics	Methods							
		Maxid	DirtyIMC	BiasIMC	CoEmbed	ColEmbed_L	ColEmbed_NL	GraphIMC	Our approach
Medical	p@1	6.327±5.711	12.755±1.861	27.959±4.439	21.441±1.75	20.245±1.175	20.449±1.163	21.122±3.509	**31.633±4.462**
	p@3	4.966±2.299	12.755±0.879	16.156±1.232	17.51±4.139	18.593±1.434	18.287±1.741	13.776±1.408	**19.354±2.202**
	p@5	5.510±1.880	12.796±0.789	12.041±0.927	13.012±3.240	13.996±1.036	13.931±1.588	10.633±0.61	**14.265±1.915**
	ndcg@3	9.782±5.152	15.525±2.217	34.176±3.889	24.72±3.416	23.119±1.012	22.824±1.579	28.375±3.941	**40.381±4.559**
	ndcg@5	14.307±5.864	17.633±2.391	38.538±4.338	27.012±3.538	24.721±1.425	24.451±1.575	32.543±3.616	**44.923±5.53**
Enron	p@1	14.956±2.105	10.874±0.889	29.859±6.529	29.45±7.23	19.094±5.604	25.604±1.324	29.188±3.51	**32.824±0.865**
	p@3	11.300±1.198	11.206±0.931	25.715±1.694	**27.398±8.675**	18.292±4.858	20.443±3.407	20.273±1.636	25.336±0.892
	p@5	10.276±0.825	11.507±0.916	**21.707±4.285**	21.122±6.798	18.238±4.659	19.469±3.774	14.806±1.101	18.431±0.878
	ndcg@3	14.406±1.582	11.449±0.964	28.116±3.541	**29.065±7.994**	18.994±4.914	22.188±3.126	23.978±2.335	28.778±1.31
	ndcg@5	16.282±1.256	12.349±1.164	29.591±3.558	**30.191±8.212**	20.374±4.64	23.075±3.866	24.784±2.213	29.499±1.371
Langlog	p@1	20±5.723	13.904±9.159	42.384±1.039	29.986±6.843	29.452±5.742	26.932±6.836	**47.178±2.365**	44.712±5.108
	p@3	25.183±2.439	13.995±3.892	41.79±0.797	27.749±7.713	30.091±4.774	22.913±4.626	**43±3.094**	42.612±4.847
	p@5	27.137±2.495	14.767±1.896	40.603±1.053	26.192±7.611	27.671±5.192	20.918±4.787	40.26±1.896	**40.836±4.144**
	ndcg@3	24.082±2.510	14.062±4.448	42.031±0.648	28.372±7.586	29.813±3.83	23.915±4.731	**43.943±2.993**	43.245±4.989
	ndcg@5	25.852±2.293	14.661±2.629	41.519±0.966	27.327±7.581	28.316±4.023	22.417±4.399	42.071±2.188	**42.142±4.496**
GnegativeGo	p@1	33.975±0.925	24.681±7.869	15.269±10.322	21.571±7.829	20.08±4.966	18.619±4.733	33.692±6.208	**35.412±6.984**
	p@3	21.618±1.318	10.583±3.8	14.002±6.757	**21.858±5.612**	18.694±2.705	14.438±1.997	18.065±3.333	20.119±3.18
	p@5	19.269±0.709	9.556±4.905	12.444±4.117	**24.08±6.846**	16.768±2.399	13.085±1.609	14.065±1.462	14.982±1.102
	ndcg@3	43.288±7.349	34.625±11.03	29.773±15.5	34.022±11.351	37.832±3.697	30.645±5.047	44.733±7.729	**48.518±7.978**
	ndcg@5	45.702±2.053	45.748±7.089	37.689±15.417	48.26±7.659	47.432±4.145	38.461±5.357	51.032±6.388	**54.272±6.071**

续表

Datasets	Metrics	Methods							
		Maxid	DirtyIMC	BiasIMC	CoEmbed	ColEmbed _ L	ColEmbed _ NL	GraphIMC	Our approach
PlantPseAAC	p@1	18. 367±6. 069	5. 51±2. 733	8. 408±4. 753	18. 102±7. 759	12. 286±3. 46	10. 041±3. 396	19. 735±7. 084	**23. 204±2. 463**
	p@3	15. 101±2. 720	6. 939±2. 176	8. 34±3. 05	12. 116±3. 182	11. 639±3. 205	8. 306±1. 436	15. 279±4. 312	**15. 619±2. 245**
	p@5	11. 408±1. 586	6. 918±1. 967	8. 184±1. 431	10. 551±2. 749	9. 755±2. 098	7. 735±0. 991	12. 347±1. 63	**11. 939±0. 702**
	ndcg@3	33. 927±6. 777	13. 491±4. 533	18. 913±6. 686	29. 953±7. 544	26. 264±6. 528	20. 07±3. 379	35. 02±9. 331	**37. 305±4. 922**
	ndcg@5	41. 904±6. 192	18. 602±5. 646	26. 567±5. 766	37. 877±8. 046	33. 32±6. 982	26. 734±3. 205	42. 847±7. 218	**43. 855±3. 489**
VirusGo	p@1	33. 314±2. 902	34. 067±2. 026	27. 381±12. 145	33. 714±5. 32	27. 143±9. 16	27. 619±7. 063	**35. 714±7. 529**	35. 714±10. 378
	p@3	22. 698±2. 772	18. 67±7. 078	21. 73±7. 532	22. 27±9. 823	23. 651±3. 781	20. 159±1. 827	24. 444±1. 976	**25. 714±2. 608**
	p@5	20. 952±0. 841	8. 733±4. 77	**21±7. 731**	19. 667±10. 059	20. 762±1. 242	18. 667±1. 794	19. 524±1. 388	19. 619±1. 697
	ndcg@3	50. 126±3. 652	53. 826±8. 421	40. 71±12. 634	48. 395±10. 071	47. 039±9. 058	42. 507±4. 318	51. 72±3. 697	**53. 833±5. 954**
	ndcg@5	59. 588±3. 590	58. 995±4. 606	53. 247±9. 902	59. 631±7. 492	59. 644±7. 225	54. 762±6. 228	61. 117±4. 305	**61. 736±5. 252**
Genbase	p@1	6. 316±5. 566	4. 962±5. 667	3. 91±3. 503	2. 105±1. 715	1. 654±2. 459	**8. 722±2. 69**	4. 962±3. 629	6. 629±4. 272
	p@3	5. 366±3. 093	3. 709±2. 707	4. 612±1. 235	4. 662±3. 384	2. 957±1. 767	**6. 566±0. 944**	4. 01±2. 371	3. 421±3. 02
	p@5	5. 017±3. 004	4. 09±2. 272	5. 113±1. 198	4. 12±2. 199	3. 158±0. 412	**5. 414±0. 844**	3. 97±0. 694	2. 779±2. 812
	ndcg@3	11. 236±6. 819	6. 165±6. 053	7. 938±3. 203	7. 411±6. 413	3. 634±2. 174	**12. 655±2. 776**	6. 969±5. 069	12. 394±3. 333
	ndcg@5	13. 340±5. 214	9. 165±7. 233	11. 887±4. 445	9. 555±6. 799	5. 572±0. 832	14. 268±3. 37	9. 281±3. 785	**15. 475±4. 912**
CCD	p@1	21. 752±2. 757	36. 275±5. 026	40. 229±13. 658	31. 784±4. 668	40. 791±1. 935	39. 732±2. 271	38. 477±6. 148	**44. 346±6. 145**
	p@3	33. 255±5. 501	20. 519±14. 531	33. 863±12. 573	30. 813±9. 741	40. 765±4. 08	26. 564±1. 385	37. 353±15. 113	**41. 505±5. 154**
	p@5	32. 427±2. 922	20. 557±12. 297	28. 414±11. 822	29. 314±8. 304	28. 276±4. 595	17. 484±0. 87	28. 454±9. 616	**34. 099±10. 199**
	ndcg@3	33. 978±5. 237	33. 558±8. 659	41. 71±11. 225	40. 852±11. 427	**45. 801±3. 948**	38. 848±2. 026	42. 435±12. 908	44. 782±4. 709
	ndcg@5	43. 193±3. 431	39. 646±8. 059	49. 407±11. 343	48. 919±11. 33	49. 793±3. 601	41. 975±1. 968	50. 36±12. 52	**50. 952±4. 154**

4.6.4 Friedman 检验分析

采用 Friedman 检验[109-110]对直推式和归纳式不完全多标签学习算法的性能进行系统的统计分析。表 4.6 提供了 Friedman 统计 F_F 和 $\alpha=0.05$ 相应的临界值。对 Nemenyi 后续检验，使用参数 $k=8$，$N=8$，其中包括 7 个 Benchmark 数据集和 1 个真实的心脑血管疾病数据集，通过计算 CD=3.712。图 4.4 显示了不同评价指标的 CD 图，通过观察每个子图，BDMC-EMR 算法性能和其他算法有显著的不同。

表 4.6　Friedman 检验 $F_F(k=8,N=8)$ 和对应的不同度量的临界值

Metric	F_F	Critical Value ($\alpha=0.05$)
Macro-AUC	16.345	3.712
***p*@1**	4.830	
***p*@3**	4.515	
***p*@5**	2.233	
ndcg@3	5.108	
ndcg@5	8.892	

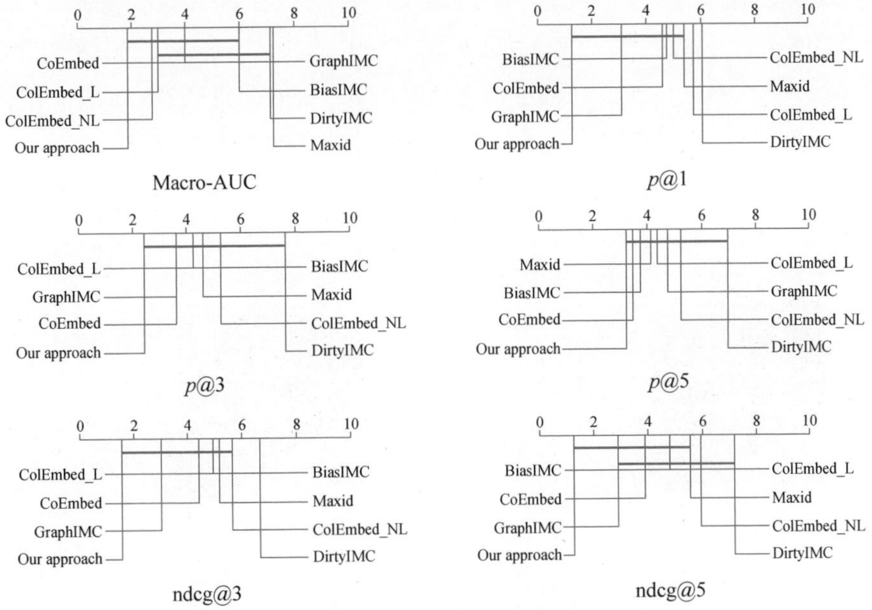

图 4.4　不同评价指标的 CD 图

根据图 4.4，Friedman 分析结果如下：

（1）为消融研究，作为算法的一部分，GraphIMC 不使用集成流形，根据实验结果，使用集成流形能取得较好的结果，说明通过集成流形正则最大化应用特征辅助信息，能有效地提高矩阵补全的性能；

（2）我们提出的方法在大多数评价指标上优于其他方法，说明联合矩阵补全和模型预测在同一框架之下的双向矩阵补全方法是有效的，并且相较于其他方法能具有很好的性能提高。

4.6.5 参数敏感性分析

在 BDMC-EMR 中，参数主要分为 $\lambda(\lambda_X、\lambda_M、\lambda_N、\lambda_Y)$ 和 $k(k_X、k_M、k_N、k_Y)$ 两类。参数 λ 是惩罚项矩阵补全在低秩条件，k 是低维的潜在空间，如 $\hat{\boldsymbol{X}}\in\mathbb{R}^{N\times d}$ 被分解进入两个低维矩阵 $\boldsymbol{U}\in\mathbb{R}^{N\times k_X}$ 和 $\boldsymbol{V}\in\mathbb{R}^{d\times k_X}$。下面分别对参数 λ 和 k 进行敏感性分析：

对于参数 λ，使用归纳式不完全多标签学习分析它的敏感性，数据集选择 Medical，标签缺失率 $\varepsilon=80\%$。为了减少参数数量，λ_M 和 λ_N 设置相同，记为 λ_{MN}，参数搜索空间为 $\{10^{-4},10^{-3},\cdots,10^{2}\}$，固定其中一个参数，分析另外两个参数的变化，实验结果如图 4.5 所示。

分析结果如下：

当固定 λ_X 时，参数 λ_{MN} 和 λ_Y 取值 $\{10^{-3},10^{-2},10^{-1}\}$ 能获得满意的结果；当固定 λ_{MN} 时，参数 λ_X 和 λ_Y 取值 $\{10^{-3},10^{-2},10^{-1}\}$ 能获得满意的结果；当固定 λ_Y 时，参数 λ_{MN} 和 λ_X 取值 $\{10^{-3},10^{-2},10^{-1}\}$ 能获得满意的结果。

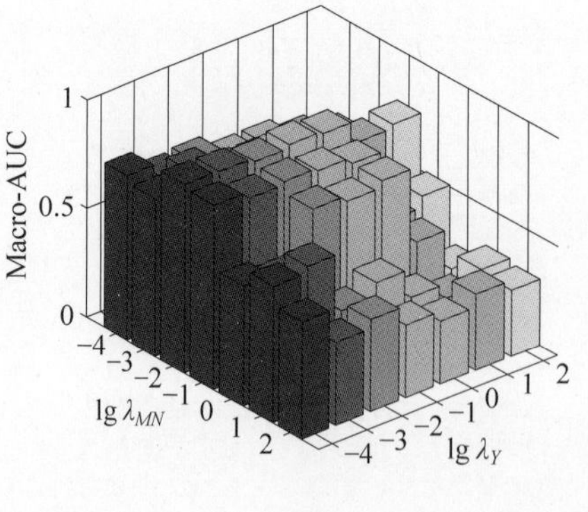

(a)

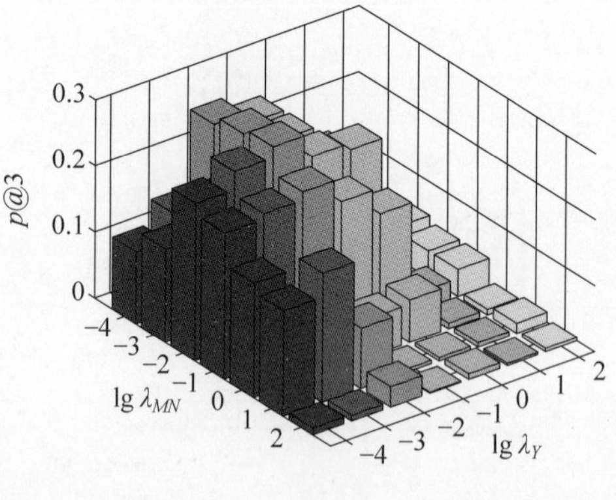

(b)

图 4.5 参数 λ 敏感性分析

注：图(a)～(d)，固定参数 λ_X；图(e)～(h)，固定参数 λ_{MN}；图(i)～(l)，固定参数 λ_Y。

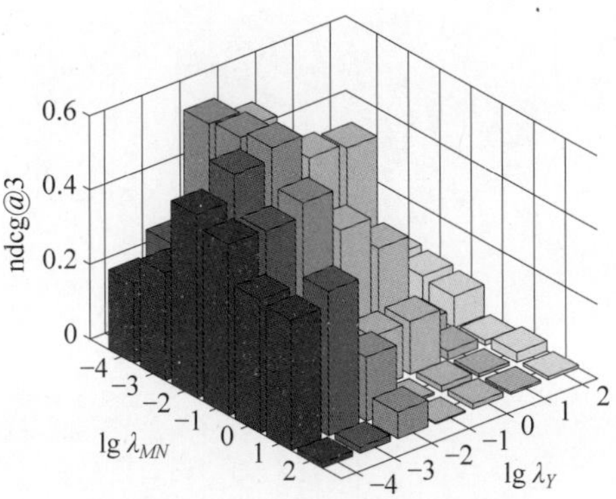
ndcg@3
0.6
0.4
0.2
0
−4 −3 −2 −1 0 1 2
lg λ_{MN}
−4 −3 −2 −1 0 1 2
lg λ_Y

(c)

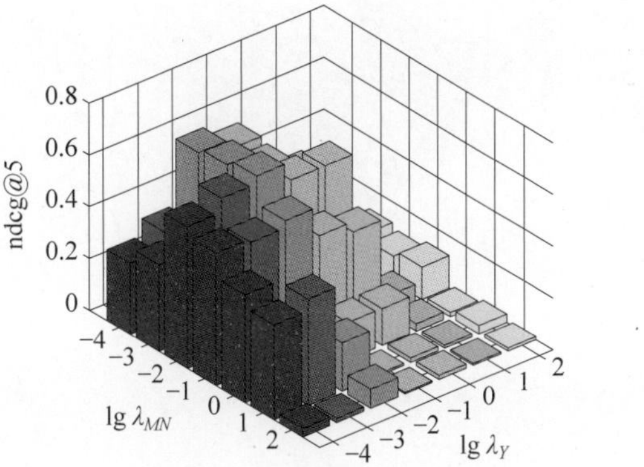
ndcg@5
0.8
0.6
0.4
0.2
0
−4 −3 −2 −1 0 1 2
lg λ_{MN}
−4 −3 −2 −1 0 1 2
lg λ_Y

(d)

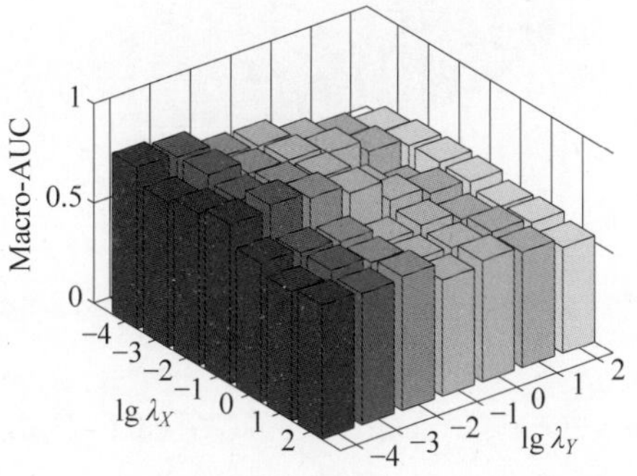
Macro-AUC
1
0.5
0
−4 −3 −2 −1 0 1 2
lg λ_X
−4 −3 −2 −1 0 1 2
lg λ_Y

(e)

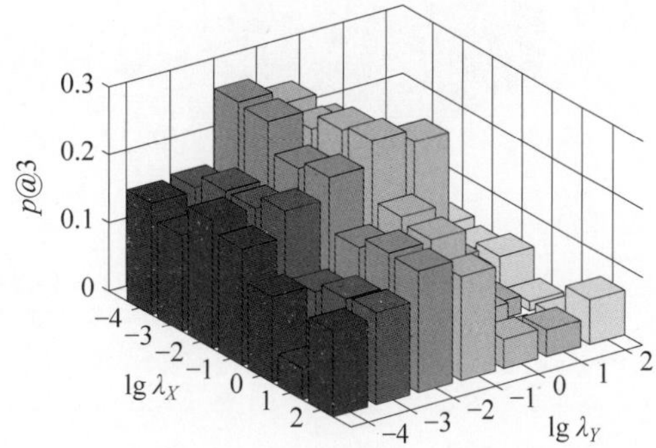
p@3
0.3
0.2
0.1
0
−4 −3 −2 −1 0 1 2
lg λ_X
−4 −3 −2 −1 0 1 2
lg λ_Y

(f)

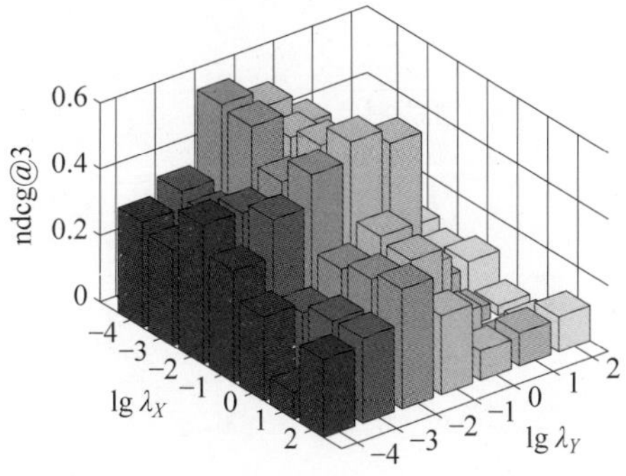
ndcg@3
0.6
0.4
0.2
0
−4 −3 −2 −1 0 1 2
lg λ_X
−4 −3 −2 −1 0 1 2
lg λ_Y

(g)

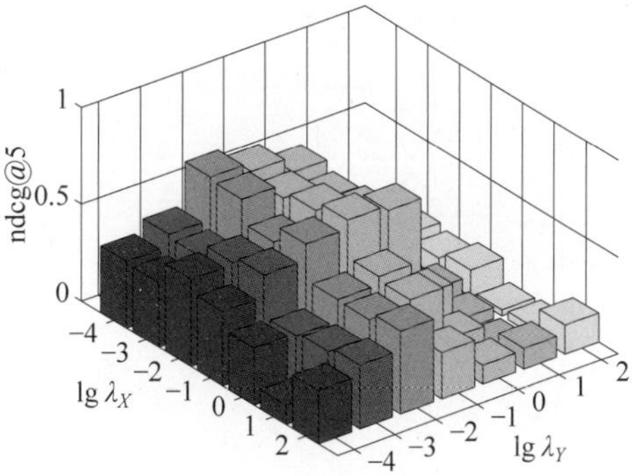
ndcg@5
1
0.5
0
−4 −3 −2 −1 0 1 2
lg λ_X
−4 −3 −2 −1 0 1 2
lg λ_Y

(h)

图 4.5 （续）

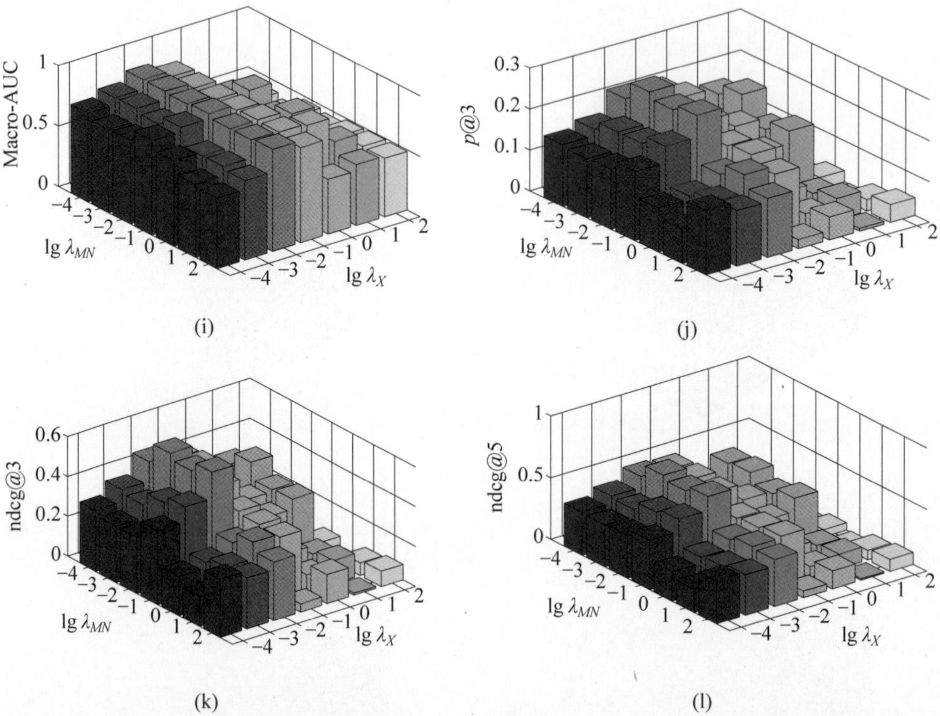

图 4.5 （续）

对于参数 k，选择数据集 Medical、Langlog、GnegativeGo、VirusGo、CCD 分析参数 k 的取值，分析 p@(1,3,5)和 ndcg@(3,5)变化情况，参数 k 的设置值为{5，10，20，30，40，50}，实验结果如图 4.6 所示。根据实验结果，设置 $k=30$，根据文献[128]，$k=30$ 也是合理的。

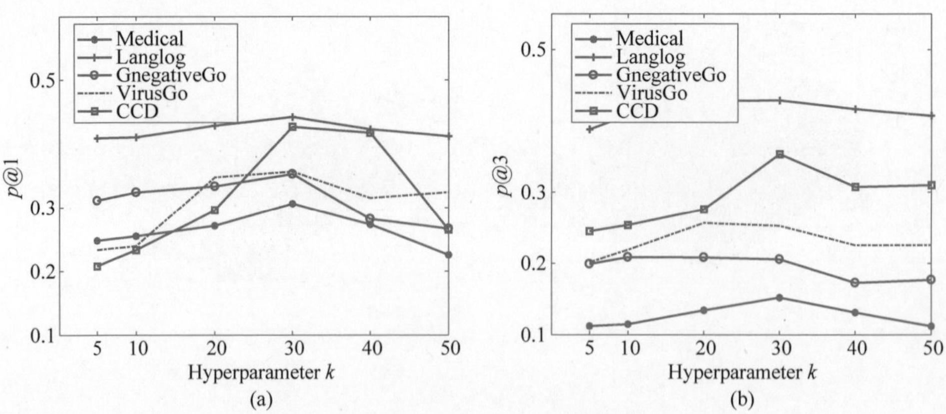

图 4.6 参数 k 敏感性分析

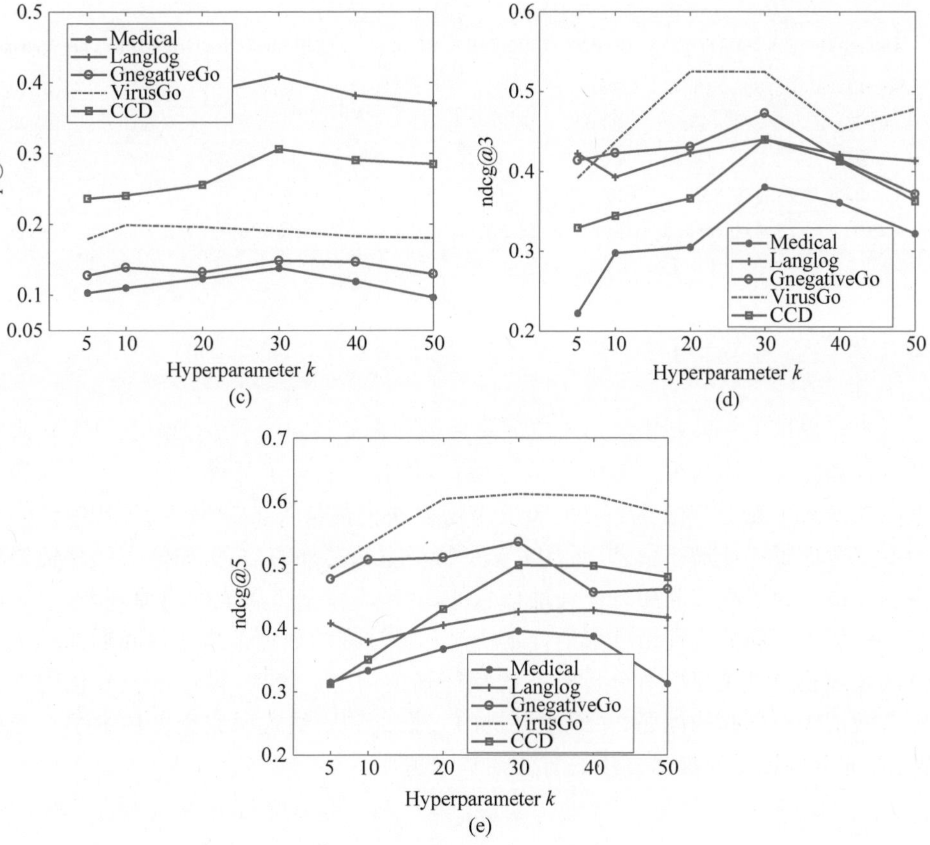

图 4.6 （续）

4.6.6 时间复杂度分析

表 4.7 详细列出了平均运行时间（训练时间＋测试时间），所有时间均以秒为单位进行了计量。选择 ADAM 作为随机梯度下降优化我们的方法，假设平均每次 ADAM 迭代 p 次，迭代的计算复杂度为 $O(p(N+d)k_X+p|\boldsymbol{\Omega}_X|k_X+p(N+L)k_Y+p|\boldsymbol{\Omega}_Y|k_Y+p(d+L)k_M+p(N+L)k_N)$，其中 $|\boldsymbol{\Omega}_X|$ 和 $|\boldsymbol{\Omega}_Y|$ 表示待恢复特征矩阵中包含的元素个数和待恢复标签矩阵包含的元素个数。

表 4.7 算法平均运行时间比较（训练时间＋测试时间） 单位：s

Datasets	Maxid	DirtyIMC	BiasIMC	CoEmbed	ColEmbed_L	ColEmbed_NL	GraphIMC	Our approach
Medical	36.549	40.332	44.661	42.287	42.849	59.062	56.157	61.359
Enron	91.751	90.344	89.665	104.568	92.792	105.062	118.26	132.331
Langlog	35.941	42.334	42.959	40.449	41.314	38.617	52.889	79.98

续表

Datasets	Maxid	DirtyIMC	BiasIMC	CoEmbed	ColEmbed_L	ColEmbed_NL	GraphIMC	Our approach
GnegativeGo	38.863	46.424	46.867	52.02	46.226	49.87	61.725	93.012
PlantPseAAC	12.769	15.56	16.024	18.887	15.697	18.921	20.605	39.988
VirusGo	12.339	13.684	14.071	13.468	12.659	11.92	16.655	26.728
Genbase	21.436	25.228	26.066	27.159	24.031	25.045	31.278	57.466
CCD	12.454	15.3	15.875	17.362	15.485	17.422	53.266	57.934

4.7 本章小结

本章提出了一种基于流形子空间集成的双向矩阵补全算法 BDMC-EMR 来处理特征和标签共同缺失的多标签学习场景，该算法联合了低秩矩阵补全和预测模型在共嵌入不完全多标签学习框架下来恢复缺失的特征值和标签值，其中预测模型不仅考虑了特征描述信息，而且考虑了特征空间之外的信息，如噪声的特征或冲突的特征。为了充分利用特征辅助信息的优势，本章基于集成学习原理，通过整合多个流形子空间的线性组合来估计本质流形。这样的处理方式使得我们能够更加准确地捕获并利用那些对分析有益的特征辅助信息。最后，设计了一套优化方案以有效解决所面临的问题，并通过大量的直推式和归纳式不完全多标签学习进行测试，充分验证了所提出算法的有效性和优越性。

第5章

基于不同表征网络集成的极端多标签学习

极端多标签学习相较于传统多标签学习的显著区别，在于其涉及的标签数量极为庞大，这一特性在极端多标签文本分类任务中极为凸显，特别是在如Wikipedia标注任务中，标签数量高达数百万。面对这一挑战，本章将聚焦极端多标签文本分类，主要面临的挑战包括：一是庞大的标签集合极大地增加了处理过程中的时间和空间开销，从而限制了传统多标签学习方法的有效应用；二是巨大的标签空间带来了数据稀疏和可扩展性问题，如何设计有效的网络结构，既能兼顾可扩展性又能提升预测性能显得尤为重要。本章基于深度网络强大的表征能力，研究基于不同表征网络集成的极端多标签文本分类：一是基于CNN和RNN不同表征能力，提出了自适应空时表征集成的HybridRCNN框架，该算法集成了词、短语、标签三者之间交互注意力，有效地提升了分类器对极端多标签的判别能力，但该方法仅能适应中间量级多标签文本分类(100～30000)，并不能适应标签数量极端的学习任务，使得该算法仍然存在局限；二是本章利用了多种Transformer模型的独特表征能力，如BERT[141]、RoBERTa[142]、XLNet[143]等，提出了Multi-V-Transformer框架，该框架集成了多视图的Transformer表征。该算法通过高效地对海量标签进行聚类处理，有效缓解了由于标签数量庞大而引发的可扩展性问题，同时，借助多视图注意力表征机制、极端多标签聚类学习策略和简化的标签集嵌入学习技术，Multi-V-Transformer框架显著提升了模型在复杂场景下的泛化能力。此外，针对多样化的标签量级任务，本章所设计的HybridRCNN与Multi-V-Transformer算法能够形成互补优势，协同应用。实验结果显示在处理极端多标签文本分类任务时，HybridRCNN和Multi-V-Transformer均展现出了优异的性能，表明了这两种算法在该领域内的有效性和实用性。

5.1 引言

极端多标签学习旨在从巨大标签集中找出与问题最相关的标签子集来标记数据样本，如 Wikipedia 文本分类任务，有超过 100 万个标签，需要从这个巨大标签集中找出相关标签来标注新文章或者网页；然而，要同时处理大量的标签、维度和训练样本，使得极端多标签学习变得非常具有挑战性。与传统多标签学习任务相比，极端多标签学习需要解决两个问题：一是巨大的时间和空间开销；二是标签稀疏和可扩展性。为解决上述的问题，存在的极端多标签学习方法主要有四类：一是传统的 1-vs-All 方法。该方法是把多标签分类转化为多个二分类，该类方法并未考虑标签之间的相关性，并且当标签量大的时候难以训练与标签等量的模型。二是基于树的集成方法[144-145]。该方法与传统的决策树学习方法相似，将实例空间或子空间递归划分为树状结构，并在每个非叶子节点上建立基分类器，只关注该节点上的少数活动标签，代表性的算法如 FastXML[146]。三是基于嵌入的方法[147-148]。该方法旨在减少标签的有效数量，通过对较大的标签空间进行低秩假设，使其线性嵌入到低维标签向量中，从而使训练和预测过程变得容易，在预测阶段，通过将嵌入的标签向量映射到高维标签空间，代表性的算法如 SLEEC[43] 和 DXML[21]。四是基于深度学习的方法。该方法主要利用 CNN、RNN 等强大的深度网络表征能力来实现文本的分类，如 TextRNN[149]、AttentionXML[150]、DRNN[151]、Transformer[152] 等。

在深度文本分类任务中，注意力机制被广泛使用，如 Transformer[152]，主要通过探索词与词之间的关系来提升网络的性能，然而在多标签文本分类中，不仅需要考虑词与词之间的关系，还需要考虑短语与短语、词与标签、短语与标签之间的关系，因为有些标签就是一个短语，并且标签之间存在着较强的依赖关系，因此许多研究者致力于联合 CNN 和 RNN 强大的表征能力来探索词、短语、标签之间的关系，如 RCNN[153]、DRNN[151]、CRAN[154]、GRA[155]、LAHA[156]、AttConvNet[157] 等。然而，这些方法只是考虑词、短语、标签三者之间局部的关系，而没有全部考虑三者之间的关系，因此基于注意力机制，我们提出了自适应空时表征集成的 HybridRCNN 框架，同时性地考虑了词与词、短语与短语、词与标签、短语与标签之间的关系。

尽管 HybridRCNN 对不是非常极端的多标签文本分类任务取得不错的结果(通常标签数量为 100～30000)，然而当标签量非常极端时，网络模型带来的时间和空间开销使得模型可扩展性差。为解决极端多标签问题，XML-CNN[36] 和 MACH[158] 通过基于嵌入的方式约简标签进行极端多标签学习，AttentionXML[150] 通过对标签集进行聚类,然后使用注意力机制完成对极端多标签的学习。进一步,提出了许多基于阶段式的极端多标签学习方法,DeepXML[159]提出了一种四阶段的分解任务来解决极端多标签学习,X-Transformer[160]把极端多标签学习任务分解为标签聚类和标签排序两个阶段。这些方法存在两个缺点:一是都需要阶段式的训练,并未实现极端多标签的端到端学习;二是这些方法并未考虑标签之间的关系,也没有根据标签簇的学习得分进行排序来约简标签。因此,我们提出了一种改进的基于多视图 Transformer 表征集成的 Multi-V-Transformer,该算法不仅可以端到端地解决极端多标签的学习场景,而且通过多视图注意力表征、极端多标签聚类学习和约简的标签集嵌入学习来提升模型的泛化性能,有效地弥补了 HybridRCNN 使用局限。Multi-V-Transformer 与 HybridRCNN 存在的不同:一是表征网络不同,HybridRCNN 采用 CNN 和 RNN 异构网络集成,而 Multi-V-Transformer 采用 Transformer 同构网络集成;二是 HybridRCNN 探索词与标签、短语与标签关系通过不同注意力模块,而 Multi-V-Transformer 采用多视图注意力和关系增强模块;三是 HybridRCNN 不能适应极端标签量级,而 Multi-V-Transformer 通过聚类约简学习少量的模型参数以适应极端标签量级;四是 HybridRCNN 采用传统的二值交叉熵损失,而 Multi-V-Transformer 考虑了标签的不平衡,采用了不平衡 Focal 损失[161]进行训练。

综上所述,本章可以概括如下:

(1) 本章详尽阐述了 HybridRCNN 框架,该框架集成了自适应空时表征技术,同时考虑了词间、短语间、词与标签间,以及短语与标签间的多维度关联。HybridRCNN 框架通过实施一种高效的自适应加权集成策略,成功融合了卷积神经网络(CNN)与循环神经网络(RNN)各自的优势信息,从而显著增强了分类器的识别精度与性能。

(2) 我们提出集成 Transformer 多视图表征结构的 Multi-V-Transformer 框架,该算法通过聚类排序模块能有效适应极端标签量级分类任务,并且通过多视图注意力表征、极端多标签聚类学习和约简的标签集嵌入学习来提升模型的泛化性能。

(3) HybridRCNN 和 Multi-V-Transformer 可以互补使用,并且实验在大量的多标签文本分类任务上验证了提出方法的有效性。

5.2 问题描述

在多标签文本分类任务中,令 $D=\{(\boldsymbol{x}_1,\boldsymbol{y}_1),(\boldsymbol{x}_2,\boldsymbol{y}_2),\cdots,(\boldsymbol{x}_N,\boldsymbol{y}_N)\}$表示一个原生文档,其中 N 表示训练的文档数,且每个文档 $\boldsymbol{y}_i$ 有 k 个标签(k 的标签集有

上百万个)，每个文档有 n 个词，并且每个词可以用 word2vec 技术表示为 d 维的词嵌入向量，即 $\boldsymbol{e}_t \in \mathbb{R}^d, t=\{1,2,\cdots,n\}$，$\boldsymbol{y}_i \in \{0,1\}^k$ 是对应文档 $\boldsymbol{x}_i=(\boldsymbol{e}_1,\boldsymbol{e}_2,\cdots,\boldsymbol{e}_n)$的标签。如果 i-th 文档与 j-th 个标签相关，则 $y_{ij}=1$；否则，$y_{ij}=0$。我们的目标是学习一个函数 $f(\boldsymbol{x}_i)\in\mathbb{R}^k$ 给所有的标签打分，f 需要给标记为 $y_{il}=1$ 的 l 标签较高的分数，因此能通过 $f(\boldsymbol{x}_i)$获得一个 top-k 的预测标签集。

给定一个 d 维的词嵌入向量 $\boldsymbol{e}_t \in \mathbb{R}^d, t=\{1,2,\cdots,n\}$，输入 $\boldsymbol{x}_i=(\boldsymbol{e}_1,\boldsymbol{e}_2,\cdots,\boldsymbol{e}_n)$可以表示为维度为 $d\times n$ 的一个特征图，在文本分类中可以通过使用 CNN 和 RNN 获取短语级的表征和词级的表征。

(1) 短语级表征 CNN。给定文档表示 $\boldsymbol{x}_i \in \mathbb{R}^{d\times n}$，应用卷积核 $\boldsymbol{W}_i \in \mathbb{R}^{\omega\times d}$ 和偏差项 $\boldsymbol{b}_i$ 学习 ω-grams 短语级的表征，令向量 $\boldsymbol{c}_i$ 表示词$(\boldsymbol{e}_{i-\omega+1},\cdots,\boldsymbol{e}_i)$的联合，则特征 $\boldsymbol{p}_i$ 表示为

$$\boldsymbol{p}_i=\sigma(\mathrm{Conv1D}(\boldsymbol{W}_i,\boldsymbol{c}_i)+\boldsymbol{b}_i) \tag{5.1}$$

式中：σ 为激活函数；Conv1D(a,b)是 1 维卷积操作，a 为卷积核，b 为输入。$\boldsymbol{p}=[\boldsymbol{p}_1,\boldsymbol{p}_2,\cdots,\boldsymbol{p}_{n-\omega+1}]\in\mathbb{R}^{n-\omega+1}$能被产生通过每个词级窗口，最后通过 CNN 获得一个短语级的表征 $\boldsymbol{P}\in\mathbb{R}^{2r\times l}$，其中 $2r$ 为核数，l 为词序列的长度。

(2) 词级表征 RNN。给定一个文档 $\boldsymbol{x}_i \in \mathbb{R}^{d\times n}$，使用 Bi-GRU[162] 模型学习双向的词级信息，Bi-GRU 的输出可以表示为

$$\boldsymbol{H}=[\boldsymbol{H}^f;\boldsymbol{H}^b]$$

式中

$$\boldsymbol{H}^f=(\overrightarrow{\boldsymbol{h}}_1,\cdots,\overrightarrow{\boldsymbol{h}}_n),\quad \boldsymbol{H}^b=(\overleftarrow{\boldsymbol{h}}_1,\cdots,\overleftarrow{\boldsymbol{h}}_n) \tag{5.2}$$

其中：$\overrightarrow{\boldsymbol{h}}_t\in\mathbb{R}^r$ 和 $\overleftarrow{\boldsymbol{h}}_t\in\mathbb{R}^r$ 分别表示一个 r 维的前向和后向词级表。整个输出$\boldsymbol{H}\in\mathbb{R}^{2r\times n}$表示词级表征。下面分别介绍 HybridRCNN 和 Multi-V-Transformer 方法。

5.3 HybridRCNN 框架

如图 5.1 所示，我们提出的自适应空时表征集成的 HybridRCNN 网络结构分为两个分支，通过不同的注意力机制进行融合，最后输出文档的空时表征，整个网络是一个端到端的框架。下面分别介绍空间语义信息表征和时序语义信息表征两个分支。

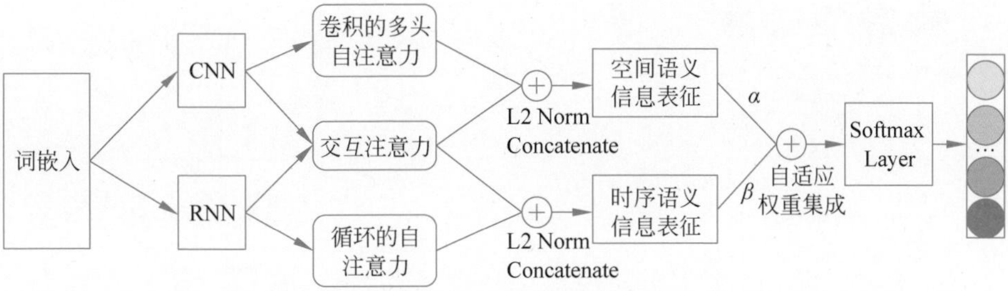

图 5.1 HybridRCNN 网络结构

5.3.1 空间语义信息表征

尽管式(5.1)可以表示短语级信息，但它只是简单地考虑输出结果的激活，而忽略语言关系和输出结果之间的细粒度信号。我们通过混合的注意力机制，包括多头的自注意力和交互注意力，最终得到更好的空间语义信息表征。该表征不仅考虑了短语与短语关系，还考虑了短语与标签之间的关系。

1. 卷积的多头自注意力

基于点积的注意力，如图 5.2(a)为卷积的多头自注意力的示意图，$\boldsymbol{Q}\in\mathbb{R}^{2r\times l}$、$\boldsymbol{K}\in\mathbb{R}^{2r\times l}$ 和 $\boldsymbol{V}\in\mathbb{R}^{2r\times l}$ 分别表示 query、key、value 三个嵌入矩阵，注意力输出矩阵表示为

$$\text{Attention}(\boldsymbol{Q},\boldsymbol{K},\boldsymbol{V})=\text{softmax}\left(\frac{\boldsymbol{Q}\boldsymbol{K}^{\text{T}}}{\sqrt{2r}}\right)\boldsymbol{V} \tag{5.3}$$

其中 query 根据相应的 key 计算权重指派值，权重矩阵被 $\sqrt{2r}$ 尺度化，根据式(5.1)，矩阵 $\boldsymbol{Q}\in\mathbb{R}^{2r\times l}$、$\boldsymbol{K}\in\mathbb{R}^{2r\times l}$ 和 $\boldsymbol{V}\in\mathbb{R}^{2r\times l}$ 可计算如下：

$$\begin{aligned}\boldsymbol{Q}&=\sigma(\text{Conv1D}(\boldsymbol{W}^{q},\boldsymbol{c})+\boldsymbol{b}^{q})\\ \boldsymbol{K}&=\sigma(\text{Conv1D}(\boldsymbol{W}^{k},\boldsymbol{c})+\boldsymbol{b}^{k})\\ \boldsymbol{V}&=\sigma(\text{Conv1D}(\boldsymbol{W}^{v},\boldsymbol{c})+\boldsymbol{b}^{v})\end{aligned} \tag{5.4}$$

其中激活函数 σ 设置为 ELU[163]，基于 Transformer，多头注意力能得到比单头注意力更好的结构，因此使用多头注意力表达不同部分的信息：

$$\begin{aligned}&\boldsymbol{P}=\text{Muti-head Attention}(\boldsymbol{Q},\boldsymbol{K},\boldsymbol{V})=\text{Concat}(\text{head}_1,\text{head}_2,\cdots,\text{head}_h)\\ &\text{where head}_i=\text{Attention}(\boldsymbol{Q}_i,\boldsymbol{K}_i,\boldsymbol{V}_i)\end{aligned} \tag{5.5}$$

其中联合输出 $\boldsymbol{P}\in\mathbb{R}^{2r\times l}$ 通过 h 个并行的注意力层扩展了单头注意力的能力。在多标签文本分类任务中，由于每个文档能被指派到多个标签，因此使用多标签注意力机制来聚焦不同的标签关系，基于联合矩阵 $\boldsymbol{P}\in\mathbb{R}^{2r\times l}$，最后输出多标签注意力 $\boldsymbol{S}_j(j=1,2,\cdots,k)$ 表示为

$$\boldsymbol{S}_j=\sum_{i=1}^{n}\alpha_{ij}\boldsymbol{P}_i,\quad \boldsymbol{T}_i=\tanh(\boldsymbol{P}_i\boldsymbol{W}_j^{(1)}),\quad \alpha_{ij}=\text{softmax}(\boldsymbol{T}_i\boldsymbol{W}_j^{(2)}) \tag{5.6}$$

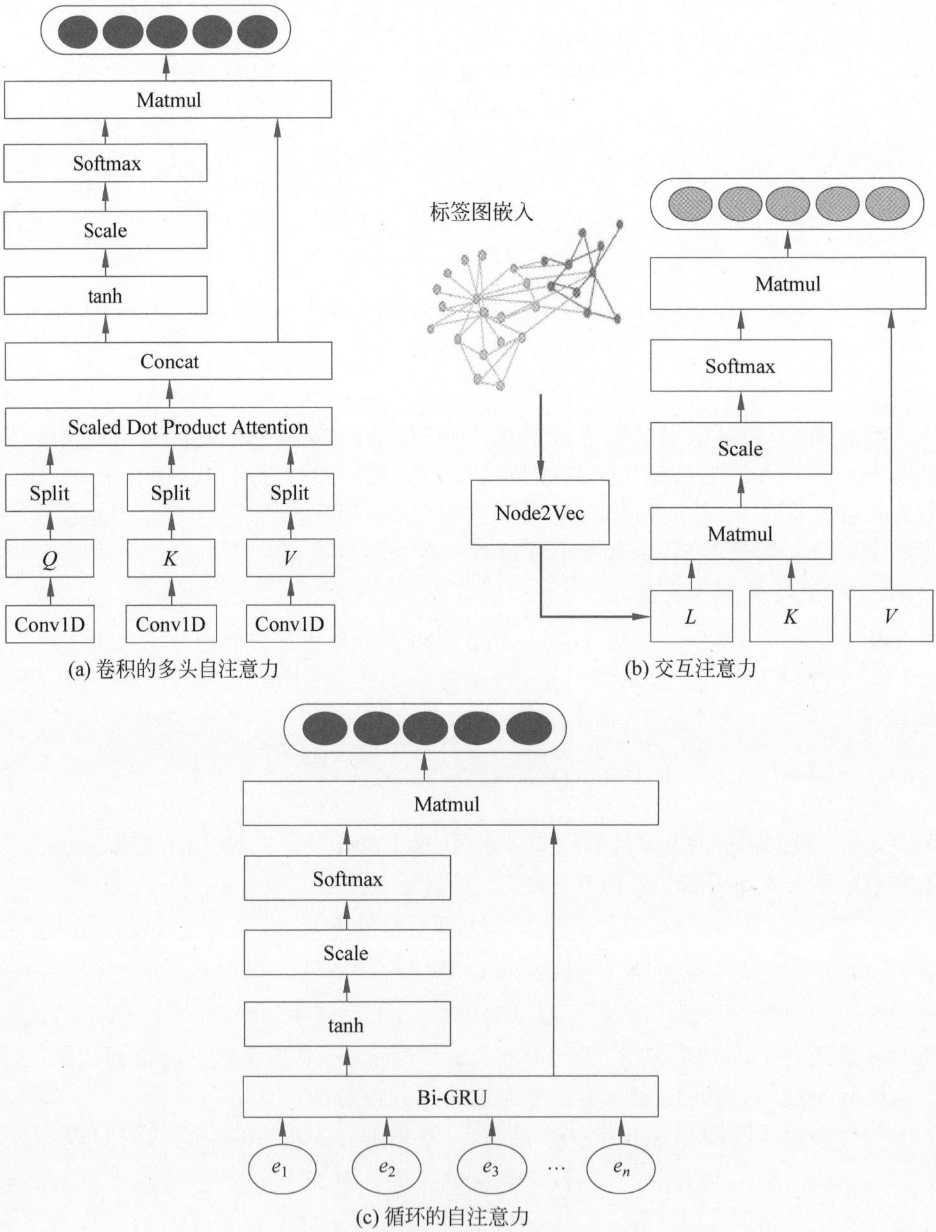

图 5.2 HybridRCNN 子模块结构图

式中：$\boldsymbol{W}_j^{(1)} \in \mathbb{R}^{2r}$ 和 $\boldsymbol{W}_j^{(2)} \in \mathbb{R}^{2r}$ 为需要学习的参数；α_{ij} 为标准化的第 j 个标签的权重，整个的 $\boldsymbol{S} \in \mathbb{R}^{2r \times k}$ 是在卷积多头自注意力下的空间语义信息表征。

2. 交互注意力

为了充分利用标签的关系信息，可以通过交互注意力捕捉标签和短语之间的细粒度交互信息，如图 5.2(b)所示。使用标签共现图探索标签的结构信息，即每个标签可以看作一个节点，若任意两个标签共同出现在一个文档中，则标签之间有边相连。基于随机游走，使用 Node2Vec[164] 图嵌入技术捕捉高阶的标签依赖关系，每个标签能被表达为 $2r$ 维向量，即 $\boldsymbol{L}_j \in \mathbb{R}^{2r}(j=1,2,\cdots,k)$表示第 i 个标签，因此整个标签嵌入表示为 $\boldsymbol{L} \in \mathbb{R}^{k\times 2r}$。基于矩阵 $\boldsymbol{K} \in \mathbb{R}^{2r\times l}$ 和 $\boldsymbol{V} \in \mathbb{R}^{2r\times l}$，交互注意力下的空间语义信息表征表示为

$$\boldsymbol{I}_1 = \boldsymbol{V} \times \mathrm{softmax}(\boldsymbol{LK})^{\mathrm{T}} \tag{5.7}$$

式中：$\boldsymbol{K} \in \mathbb{R}^{2r\times l}$ 和 $\boldsymbol{V} \in \mathbb{R}^{2r\times l}$ 根据式(5.4)能得到；交互矩阵 $\boldsymbol{LK}$ 表达了标签嵌入和短语表征之间的交互信息。

基于 CNN 结构，可得到矩阵 $\boldsymbol{S} \in \mathbb{R}^{2r\times k}$ 和 $\boldsymbol{I}_1 \in \mathbb{R}^{2r\times k}$，$\boldsymbol{S} \in \mathbb{R}^{2r\times k}$ 聚焦于短语语义，$\boldsymbol{I}_1 \in \mathbb{R}^{2r\times k}$ 聚焦于标签关系语义，最后空间的语义信息表征通过联合可表示为

$$\boldsymbol{C} = \mathrm{Concat}(\boldsymbol{S}, \boldsymbol{I}_1) \tag{5.8}$$

5.3.2　时序语义信息表征

尽管式(5.2)在文本分类任务中取得了很大的成果，但是它自然地忽略了细粒度的词级线索(因为一个文档中的单词对不同的标签有不同的贡献)，因此使用混合的注意力机制捕捉时序的语义信息表征，包括循环的自注意力和交互注意力。

1. 循环的自注意力

为了更好地建模上下文词级依赖关系，使用加权自注意机制来关注文档的不同方面，这不仅可以学习长期的时间依赖性，还可以捕获文档的各种密集部分，如图 5.2(c)所示。类似于式(5.6)，循环的自注意力 $\boldsymbol{U} \in \mathbb{R}^{2r\times k}$ 可描述为

$$\boldsymbol{T} = \tanh(\boldsymbol{W}_1\boldsymbol{H}),\quad \boldsymbol{A} = \mathrm{softmax}(\boldsymbol{W}_2\boldsymbol{T})^{\mathrm{T}},\quad \boldsymbol{U} = \boldsymbol{HA} \tag{5.9}$$

式中：$\boldsymbol{A} \in \mathbb{R}^{n\times k}$ 为注意力得分矩阵；$\boldsymbol{W}_1 \in \mathbb{R}^{d\times 2r}$ 和 $\boldsymbol{W}_2 \in \mathbb{R}^{k\times d}$ 为可学习的参数；$\boldsymbol{U} \in \mathbb{R}^{2r\times k}$ 为循环自注意力下的时序文档表示。

2. 交互注意力

与 CNN 中的交互注意力类似，引入交互注意力来捕获细粒度的词级信号，计算单词和标签之间的匹配分数，根据式(5.7)，基于 RNN 的交互注意力可描述为

$$\boldsymbol{I}_2 = \boldsymbol{H} \times \mathrm{softmax}\left([\boldsymbol{L}, \boldsymbol{L}]\begin{bmatrix}\boldsymbol{H}^f \\ \boldsymbol{H}^b\end{bmatrix}\right)^{\mathrm{T}} \tag{5.10}$$

式中：$\boldsymbol{I}_2 \in \mathbb{R}^{2r\times k}$ 通过联合矩阵 $\boldsymbol{H}$ 可以计算得到，表示交互注意力下的时序语义信息。

基于 RNN 结构，可得到矩阵 $\boldsymbol{U} \in \mathbb{R}^{2r\times k}$ 和 $\boldsymbol{I}_2 \in \mathbb{R}^{2r\times k}$，最后空间的语义信息表征通过联合可表示为

$$\boldsymbol{R} = \mathrm{Concat}(\boldsymbol{U}, \boldsymbol{I}_2) \tag{5.11}$$

5.3.3 自适应权重集成预测

基于集成学习思想，我们设计了一种自适应加权集成策略，自然地集成两种互补信息以实现最终的空时文档表征。当 $\boldsymbol{C}\in\mathbb{R}^{2r\times k}$ 和 $\boldsymbol{R}\in\mathbb{R}^{2r\times k}$ 获得之后，首先使用 l_2 标准化它们，然后通过一个 MLP 层和全连接层转换 $\boldsymbol{C}\in\mathbb{R}^{2r\times k}$ 和 $\boldsymbol{R}\in\mathbb{R}^{2r\times k}$ 到权重 $\alpha\in\mathbb{R}^{k\times 1}$ 和 $\beta\in\mathbb{R}^{k\times 1}$：

$$\begin{cases}\alpha=\sigma(\boldsymbol{W}_1^{\alpha}\tanh(\boldsymbol{W}_2^{\alpha}\boldsymbol{C}+\boldsymbol{b}^{\alpha}))\\ \beta=\sigma(\boldsymbol{W}_1^{\beta}\tanh(\boldsymbol{W}_2^{\beta}\boldsymbol{R}+\boldsymbol{b}^{\beta}))\end{cases} \tag{5.12}$$

式中：$\boldsymbol{W}_1^{\alpha}$、$\boldsymbol{W}_2^{\alpha}$、$\boldsymbol{W}_1^{\beta}$ 和 $\boldsymbol{W}_2^{\beta}$ 为可学习的参数；$\boldsymbol{b}^{\alpha}$ 和 $\boldsymbol{b}^{\beta}$ 为偏置项。

标准化权重获得最后的空时文档表征：

$$\alpha=\frac{\alpha}{\alpha+\beta},\quad \beta=\frac{\beta}{\alpha+\beta} \tag{5.13}$$
$$\boldsymbol{T}=\alpha\times\boldsymbol{C}+\beta\times\boldsymbol{R}$$

式中：$\boldsymbol{T}\in\mathbb{R}^{2r\times k}$ 表示最后的空时语义表征，通过权重 α 和 β 不仅可以表达空间语义信息和时间语义信息表征的重要性，而且大大地拓宽了传统 CNN 和 RNN 表征范围的限制。当得到 $\boldsymbol{T}\in\mathbb{R}^{2r\times k}$ 之后，可以全连接层建立分类器，获得预测：

$$\hat{Y}=\sigma(\boldsymbol{W}_1^{Y}\mathrm{relu}(\boldsymbol{W}_2^{Y}\boldsymbol{T})) \tag{5.14}$$

式中：$\boldsymbol{W}_1^{Y}\in\mathbb{R}^{1\times r}$ 和 $\boldsymbol{W}_2^{Y}\in\mathbb{R}^{r\times 2r}$ 为预测层的参数；σ 为 sigmoid 函数。

使用二值交叉熵损失为多标签文本分类：

$$\mathcal{L}_{\text{loss}}=-\frac{1}{N}\sum_{i=1}^{N}\sum_{j=1}^{k}[y_{ij}\log(\hat{Y}_{ij})+(1-y_{ij})\log(1-\hat{Y}_{ij})] \tag{5.15}$$

在 5.5 节，HybridRCNN 大量的实验表明了 HybridRCNN 具有较好性能。但是，当标签量达极端量级时，由于标签空间的增加，该模型的可扩展性存在局限。我们提出改进的 Multi-V-Transformer 框架来弥补可扩展性的问题。

5.4 改进的 Multi-V-Transformer 框架

近年来，Transformer 已经受到了广泛的关注，不管是在文本领域还是图像领域，Transformer 都取得了比 CNN 和 RNN 好的结果，因此使用不同 Transformer 表征结构代替 CNN 和 RNN 来提取文档表征，如 BERT[141]、RoBERTa[142]、XLNet[143]等；另外，当应用到图像领域的多标签学习任务时，只需要把特征提取器变换为视觉 Transformer 即可，如 Vision Transformer[165]、DETR[166]、Image GPT[167]等。在极端多标签学习任务中，HybridRCNN 仅能适应标签量在万级的，并不能适应标签量在百万级的。因此，我们提出 Multi-V-Transformer 框架来解决这种过度极端的多标签学习任务，如图 5.3 所示。

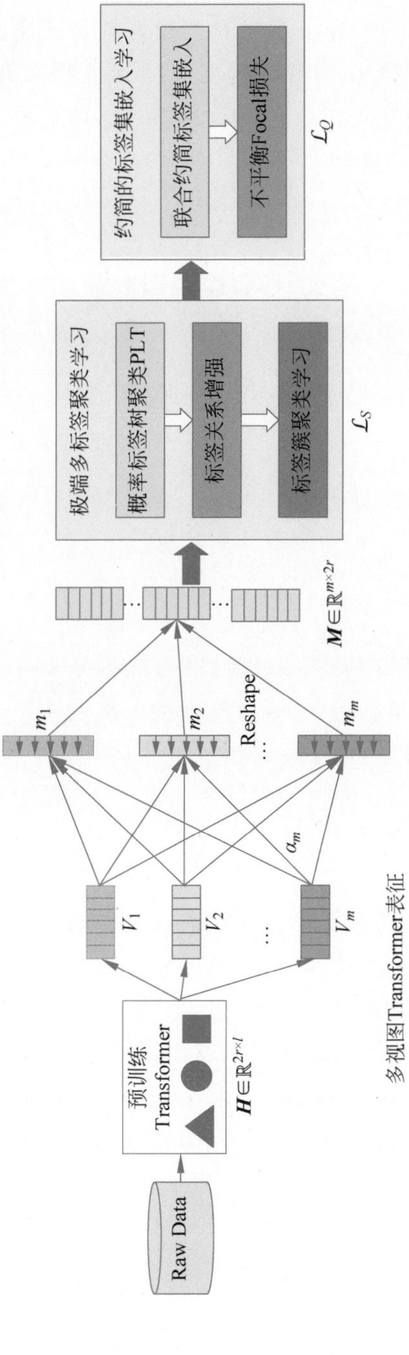

图 5.3　Multi-V-Transformer 网络结构

5.4.1 多视图注意力 Transformer 表征

在 NLP 任务中，Transformer 模型具有较好的表征性能，为了适应标签到百万的量，没有使用较大的 Transformer 模型(24 层，且 1024 的隐藏维度)，仅使用基本的 Transformer 模型(12 层，且 768 的隐藏维度)，即 $r=768$，输入序列长度 l 设置为 128，为了更好地表达富的文本信息，联合最后输出的 2 层 Transformer，即 Transformer 输出矩阵 $\boldsymbol{H}\in\mathbb{R}^{2r\times l}$。

通常情况下，在极端多标签文本分类中，标签信息源自不同的分析视角，因此使用多视角注意力提取文本表征，即每个视图表征文本的一个特定领域，描述如下：

$$\boldsymbol{M}=\sum_{t=1}^{T}\alpha_m\boldsymbol{H}^{\mathrm{T}},\quad \alpha_m=\mathrm{softmax}(V_m\boldsymbol{H}^{\mathrm{T}})=\frac{\exp(V_m h_t)}{\sum_{t=1}^{T}\exp(V_m h_t)} \tag{5.16}$$

式中：$\boldsymbol{M}\in\mathbb{R}^{m\times 2r}$ 表示多视图 Transformer 表征；V_m 表示第 m 个视图，在实验中设置 $m=3$，也就是说从 3 个视角提取文本信息。

5.4.2 极端多标签聚类学习

在极端多标签文本分类中，标签较为稀疏，如果完全按照传统正、负样本训练方式，将带来很大的时间和空间开销，导致模型可扩展性差，因此需要使用合适的方式对标签集进行约简，以满足实际需要。如图 5.3 所示，通过对标签集进行聚类来约简标签，多标签聚类学习模块分为三个步骤：一是概率标签树聚类；二是标签关系增强；三是标签簇聚类学习。

1. 概率标签树聚类

首先将包含有标签的稀疏文本特征和该标签文本特征进行内积求和，然后标准化得到每个标签的特征表示，再基于 AttentionXML[150] 算法中的概率标签树(PLT)[140-150]，使用平衡 k-均值($k=2$)进行递归的聚类，直到满足条件：给定每个簇的最大标签量，要求将标签划分到 S 个簇中，每个标签簇中包含的标签量满足小于最大标签量或者大于最大标签量的一半。得到 S 个簇时，基于式(5.16)得到的表征 $\boldsymbol{M}\in\mathbb{R}^{m\times 2r}$，可以通过全连接层映射 $\boldsymbol{M}$ 到 S 维的向量 $\boldsymbol{P}$：

$$\boldsymbol{P}=\sigma(\boldsymbol{W}_p\boldsymbol{M}+\boldsymbol{b}_p) \tag{5.17}$$

式中：$\boldsymbol{P}$ 返回一个 S 维的向量表征，表示 S 个标签簇的得分；$\boldsymbol{W}_p$、$\boldsymbol{b}_p$ 为可学习参数；$\sigma(\cdot)$为 sigmod 函数。

2. 标签关系增强

在多标签分类中，标签之间存在着较强的依赖关系，HybridRCNN 框架通过探索混合的词、短语和标签之间的依赖关系来提升模型的性能，然而式(5.17)忽视了不同簇之间、标签之间的关系，因此传达标签关系通过在原生的预测 $\boldsymbol{P}$ 基础上增加 bottleneck 层来实现标签增强，如图 5.4 所示。

$$\begin{cases}\hat{\boldsymbol{P}}=F(\boldsymbol{P})+\boldsymbol{P}\\F(\boldsymbol{P})=\boldsymbol{W}_2\delta(\boldsymbol{W}_1\sigma(\boldsymbol{P})+\boldsymbol{b}_1)+\boldsymbol{b}_2\end{cases}\tag{5.18}$$

式中：$\boldsymbol{W}_1$、$\boldsymbol{W}_2$ 为权重矩阵；$\boldsymbol{b}_1$、$\boldsymbol{b}_2$ 为偏置项；σ、δ 分别为 sigmoid 和 ELU 函数。

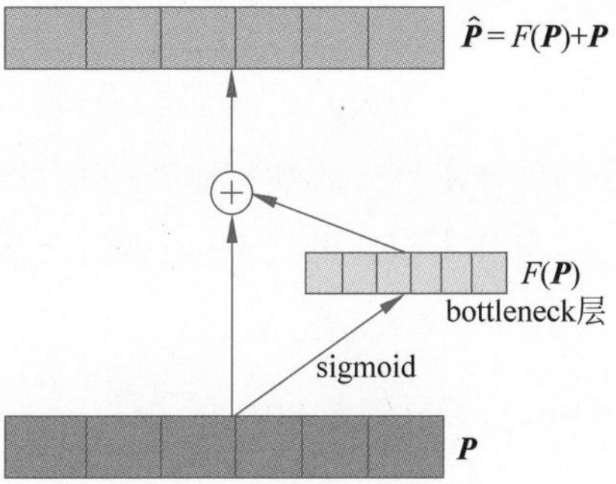

图 5.4　标签关系增强

3. 标签簇聚类学习

为了更好地学习标签表征，基于聚类得到的 S 个簇索引，构造簇标签 $\boldsymbol{y}^S\in\{0,1\}^S$ 为二值 one-hot 编码，基于二值交叉熵对学习聚类簇表征：

$$\mathcal{L}_S=-\frac{1}{N}\sum_{i=1}^{N}\sum_{j=1}^{S}[y_{ij}^S\log(\hat{P}_{ij})+(1-y_{ij}^S)\log(1-\hat{P}_{ij})]\tag{5.19}$$

式中：y_{ij}^S 为第 i 个样本属于第 j 个簇；$\hat{P}_{ij}$ 为第 i 个样本属于第 j 个簇的增强预测，可以由式(5.18)得到。

基于式(5.19)训练，选取前 k 个簇对应标签作为标签的约简集，记为 $U=\{l:\ l\in S\}$，即标签 l 属于簇 S，这样大大地约简了原来数百万的标签。

5.4.3　约简的标签集嵌入学习

当得到前 k 个簇之后，基于 k 个簇所含标签得到标签的约简集 U，然后找到这些标签真实所对应的标签 $\boldsymbol{y}^U\in\{0,1\}^U$。

1. 联合约简标签集嵌入

当得到标签集 U 后，基于多视图表征 $\boldsymbol{M}$ 可以得到联合约简标签集嵌入向量 $\boldsymbol{Q}$：

$$\boldsymbol{Q}=\sigma(\boldsymbol{W}_Q\boldsymbol{M}+\boldsymbol{b}_Q)\tag{5.20}$$

式中：$\boldsymbol{W}_Q$、$\boldsymbol{b}_Q$ 为可学习参数。

2. 不平衡 Focal 损失

尽管约简的标签集 U 已经大大地缩小了训练的标签数量，但是正、负样本之间仍然存在着大的不平衡。Focal 损失[161]基于二值交叉熵已经被广泛使用，其旨在降低简单负样本权重让模型重点关注更难分的样本，然而 Focal 损失在二值交叉熵基础上使用相同的参数 γ。而在多标签问题中，正、负样本之间存在极度的不平衡，使用不平衡 Focal 损失对约简的标签集进行学习[168]：

$$\mathcal{L}_Q=-\frac{1}{N}\sum_{i=1}^{N}\sum_{k=1}^{U}\begin{cases}(1-Q_k)^{\gamma+}\log(Q_k), & y_k^U=1\\ (Q_k)^{\gamma-}\log(1-Q_k), & y_k^U=0\end{cases} \tag{5.21}$$

式中：y_k^U 为约简标签集 U 中样本对应的真实标签；Q_k 为使用式(5.20)得到的预测；γ^+、γ^- 表达了不同正、负样本权重的贡献，通常情况下，$\gamma^->\gamma^+$，我们的实验设置 $\gamma^+=0$，$\gamma^-=1$。

5.4.4 集成的 Multi-V-Transformer 预测

在 Multi-V-Transformer 中，使用端到端的训练方式联合损失 $\mathcal{L}_S$ 和 $\mathcal{L}_Q$，从而训练损失如下：

$$\mathcal{L}=\mathcal{L}_S+\mathcal{L}_Q \tag{5.22}$$

为了提高预测精度，使用集成学习思想，根据不同的预训练模型使用多数投票的集成策略进行模型最终的预测。我们的实验选择的预训练模型为 BERT[141]、RoBERTa[142]、XLNet[143]。

5.5 中间量级多标签文本实验分析

选择中间量级(100～30000)多标签文本分类数据集，验证我们提出的 HybridRCNN 方法的有效性，HybridRCNN 采用并行混合注意力机制的方式集成了 CNN 和 RNN 结构，因此比较 HybridRCNN 和相关的 CNN-RNN 网络结构，如串行结构 RCNN[153]、DRNN[151]，并行结构 CRAN[154]，混合结构 GRA[155]。此外，我们的方法也和使用基于注意力机制网络结构比较，如 TextCNN[169]、TextRNN[149]、DPCNN[170]、Transformer[152]、AttConvNet[157] 和 LAHA[156] 等。

5.5.1 实验设置

1. 实验数据集

我们采用了 5 个基准数据集来全面验证 HybridRCNN 方法的有效性和性能。

这些数据集的详细信息如表 5.1 所示,其中包含了训练样本数与测试样本数、特征总数、总的标签数、每个文档平均对应的标签数,以及每个标签平均对应的文档数。这些指标全面揭示了数据集规模、特征丰富度及标签分布情况。

表 5.1　中间量级多标签数据集详细信息

Datasets	N_{trn}	N_{tst}	D	L	$\tilde{L}$	$\hat{L}$
Rcv1	23149	7965	47236	102	3.18	649.85
Ydata	29999	18968	146248	414	2.39	86.85
Yelp	196507	33620	744607	508	2.96	810.73
Eurlex_4k	15449	3865	186104	3956	5.30	20.79
Wiki10_31k	14146	6616	101938	30938	18.64	8.52

2. 参数设置

在 HybridRCNN 方法中,使用 Node2Vec 技术映射每个标签到一个低维的密集型向量,标签嵌入维度设置为 128,多头数设置为 5,为自注意力机制,注意力维度设置为 16,整个深度学习模型使用 Adam 训练,初始学习率设置为 0.008,batch 大小设置为 64。采用 Glove[171](300 维度)作为词嵌入向量,Bi-GRU 隐藏层维度设置为 64,CNN 的卷积核数设置为 128。

5.5.2　CNN-RNN 集成结构比较

HybridRCNN 方法使用并行的 CNN-RNN 结构,因此比较 HybridRCNN 和相关的 CNN-RNN 网络集成结构,如串行结构 RCNN[153]、DRNN[151],并行结构 CRAN[154],混合结构 GRA[155]。与第 3 章评估方法一样,使用评估指标如 $p@k\{1,3,5\}$和 ndcg@$k\{3,5\}$,详细实验结果如表 5.2 所示。

通过实验结果可知:

(1) 与串行 CNN-RNN 结构(RCNN 和 DRNN)相比,HybridRCNN 的性能优于 RCNN 和 DRNN。原因是 RCNN 和 DRNN 只考虑文本中的长期依赖关系和局部信息,忽略了标签语义结构信息。我们的模型不仅利用自注意机制获取长期依赖关系和局部信息,还利用交互机制获取标签语义结构信息。

(2) 与并行 CNN-RNN 结构(CRAN)相比,HybridRCNN 的性能优于 CRAN。原因是 CRAN 通过自注意机制简单地结合 CNN 和 RNN 来学习文档表示,而我们的模型采用加权集成注意力融合策略来学习更深层次的表示。

表 5.2 CNN-RNN 集成结构实验比较

Datasets	Metrics	Methods				
		RCNN	GRA	DRNN	CRAN	HybridRCNN
Rcv1	p@1	94.64	94.79	88.37	92.08	**94.89**
	p@3	75.18	**77.36**	62.33	72.59	75.53
	p@5	52.03	**53.58**	44.50	50.43	52.66
	ndcg@3	86.63	**88.60**	73.99	83.86	87.00
	ndcg@3	86.63	**88.60**	73.99	83.86	87.00
Ydata	p@1	48.39	50.34	28.38	34.10	**54.04**
	p@3	39.15	39.89	24.39	24.50	**40.19**
	p@5	30.11	30.78	18.90	19.33	**31.34**
	ndcg@3	44.88	46.63	26.14	30.34	**49.66**
	ndcg@5	46.92	47.87	27.43	32.28	**52.29**
Yelp	p@1	84.98	85.01	81.43	80.21	**86.70**
	p@3	51.93	52.83	48.76	50.95	**57.29**
	p@5	36.55	37.03	34.66	36.04	**40.73**
	ndcg@3	67.59	68.84	63.71	65.62	**73.10**
	p@5	68.09	69.93	64.46	66.38	**74.18**
Eurlex_4k	p@1	73.68	74.48	19.73	71.81	**75.79**
	p@3	57.57	58.14	15.97	55.96	**59.66**
	p@5	46.65	47.63	13.59	45.38	**48.54**
	ndcg@3	61.55	62.74	16.85	59.9	**63.62**
	ndcg@5	55.43	56.76	15.26	53.94	**57.38**
Wiki10_31k	p@1	80.37	**81.47**	—	65.96	**81.26**
	p@3	50.69	51.89	—	38.58	**59.47**
	p@5	37.26	39.78	—	29.88	**49.23**
	ndcg@3	57.36	58.34	—	44.38	**64.22**
	ndcg@5	46.25	48.19	—	36.76	**55.86**

(3) 与混合 CNN-RNN 结构(GRA)相比,当标签数量增加时,HybridRCNN 表现得更好。原因是 GRA 采用软对齐机制对短语和词序列之间的关系进行建模,而我们的模型采用交互机制对短语、词序列和标签图结构之间的关系进行建模,特别地,利用标签交互信息是多标签文本分类问题的关键。

5.5.3　注意力机制网络结构比较

由于我们提出的 HybridRCNN 方法采用混合注意力机制,因此实验也和使用注意力机制的模型进行比较,以验证混合注意力机制的有效性。比较的基准方法有 TextCNN[169]、TextRNN[149]、DPCNN[170]、Transformer[152]、AttConvNet[157] 和 LAHA[156],实验结果如表 5.3 所示。

表 5.3　注意力机制网络结构比较实验结果

Datasets	Metrics	Methods						
		TextCNN	TextRNN	DPCNN	Transformer	AttConvNet	LAHA	HybridRCNN
Rcv1	p@1	90.90	93.13	90.58	93.62	91.84	93.22	**94.89**
	p@3	68.84	73.99	67.81	70.43	69.07	74.52	**75.53**
	p@5	47.85	52.31	47.70	49.20	47.97	52.04	**52.66**
	ndcg@3	80.43	86.32	79.02	82.33	80.61	85.63	**87.00**
	ndcg@5	81.19	87.81	80.38	83.43	81.25	86.58	**87.85**
Ydata	p@1	35.07	53.26	37.86	44.29	50.40	45.88	**54.04**
	p@3	25.17	37.88	31.62	37.27	39.96	35.18	**40.19**
	p@5	19.84	30.57	24.75	29.17	30.97	28.06	**31.34**
	ndcg@3	31.24	47.58	35.12	42.11	46.36	42.90	**49.66**
	ndcg@5	33.07	49.88	37.09	44.68	48.59	45.86	**52.29**
Yelp	p@1	81.91	86.66	80.32	77.17	86.36	80.90	**86.70**
	p@3	50.65	58.32	47.11	44.10	**59.22**	50.18	57.29
	p@5	35.75	41.16	33.25	31.23	**41.93**	35.78	40.73
	ndcg@3	65.73	74.06	62.21	58.35	**74.80**	65.02	73.10
	ndcg@5	66.28	74.86	62.84	58.82	**75.72**	65.98	74.18

续表

Datasets	Metrics	Methods						
		TextCNN	TextRNN	DPCNN	Transformer	AttConvNet	LAHA	HybridRCNN
Eurlex_4k	p@1	67.95	68.24	47.03	39.11	52.59	62.86	**75.79**
	p@3	54.02	53.13	35.12	28.98	41.14	49.23	**59.66**
	p@5	43.48	43	28.54	24.48	33.51	40.38	**48.54**
	ndcg@3	57.57	56.88	37.97	31.42	43.95	52.6	**63.62**
	ndcg@5	51.62	51.06	33.94	28.72	39.48	47.61	**57.38**
Wiki10_31k	p@1	79.61	79.17	—	80.48	—	80.02	**81.26**
	p@3	49.52	60.89	—	**61.59**	—	57.83	59.47
	p@5	36.31	49.66	—	**50.75**	—	47.54	49.23
	ndcg@3	56.08	65.04	—	**65.86**	—	62.63	64.22
	ndcg@5	45.10	56.16	—	**57.23**	—	54.24	55.86

根据表 5.3 可得到如下结果：

(1) 与 TextCNN 和 TextRNN 相比，在大多数情况下，HybridRCNN 的性能优于 TextCNN 和 TextRNN。原因是 HybridRCNN 集成 CNN 和 RNN 网络并全面捕获语义空间和时序信息，这两者对于有效的多标签文本分类是必不可少的。

(2) 与不同注意机制模型比较，如 TextCNN 使用 pooling attention 机制、AttConvNet 使用注意力卷积机制、TextRNN 使用自注意力机制、LAHA 使用混合注意力机制、Transformer 使用多头自注意机制，在更多情况下，HybridRCNN 达到了较好的性能。这也说明了对多标签文本分类，提出的混合注意机制是一种有效且灵活的方法。

(3) 与 DPCNN 相比，HybridRCNN 也取得较好的结果。与 DPCNN 通过设计一个深度金字塔 CNN 架构来表示词级信号不同，HybridRCNN 更多地考虑了词级与标签之间的交互信息。

5.5.4 HybridRCNN 消融分析

为了验证 HybridRCNN 每个组件的影响，使用消融对方法不同重要组件进行分析：一是交互注意力模块(IA)；二是混合注意力 CNN 空间文档表征(SR)；三是混合注意力 RNN 时序文档表征(TR)；四是空时文档表征(SR+TR+concat)；五是加权的空时文档表征(SR+TR+weighted)，实验针对密集数据集 RCV1、Ydata、Yelp 及稀疏数据集 Eurlex_4k。图 5.5 给出了四个数据集在 Accuracy、micro-F1、p@k\{1,3,5\}不同评估指标上的结果。

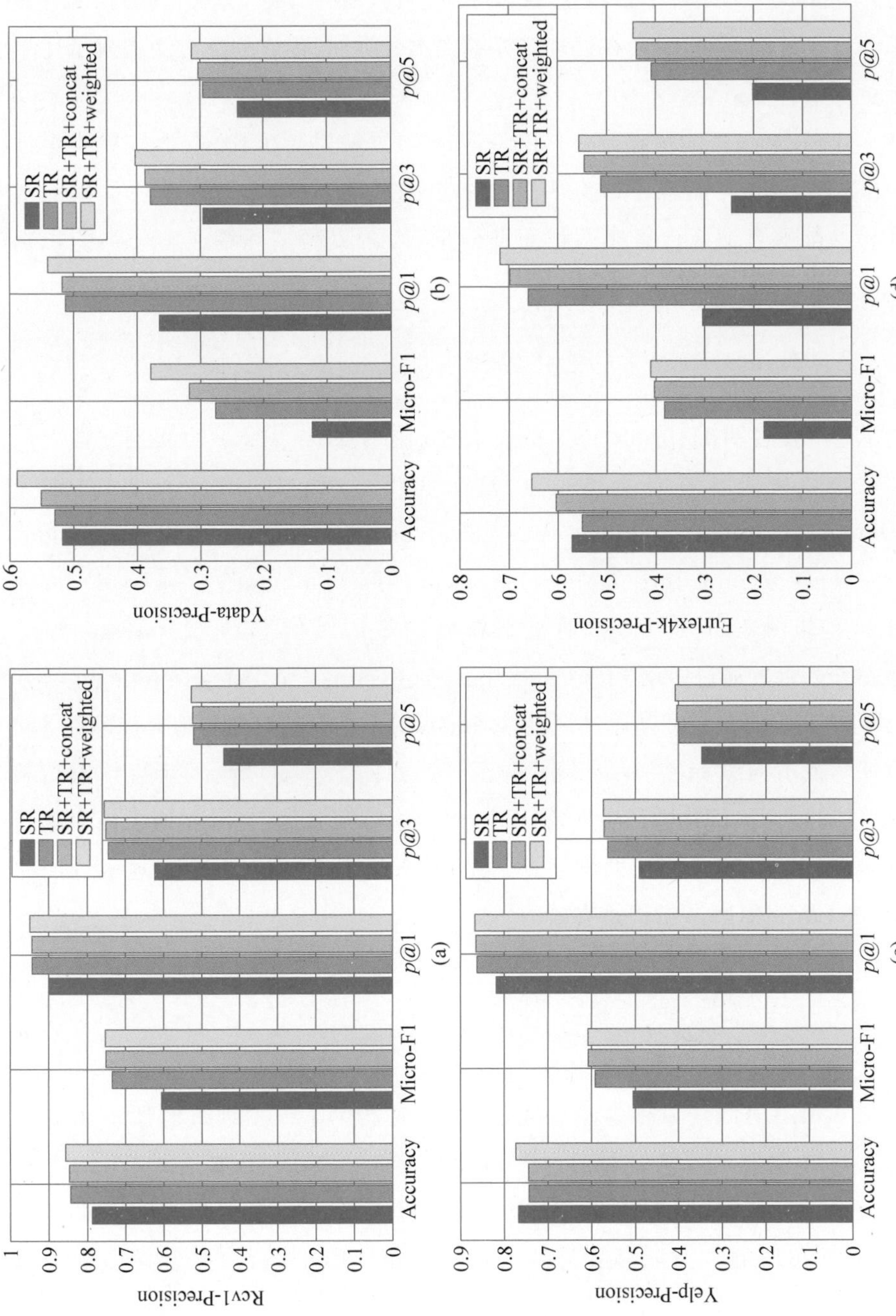

图 5.5　HybridRCNN 消融分析

通过实验结果可知：

(1) 与单组件(SR 和 TR)相比，加权集成组件(SR+TR+weighted)在四种数据集中都有较好的性能，说明在处理多标签文本分类时，集成的空时文档表示比单一表示更稳定且更适合。

(2) 与 SR 和 TR 的拼接(SR+TR+concat)方法进行了比较，加权集成组件(SR+TR+weighted)提高了所有四个数据集的性能，这隐含地表明所提出的加权集成策略能够自适应地集成两种互补信息，大大提高多标签文本分类的识别能力。

5.5.5 HybridRCNN 可视化分析

为了进一步说明 HybridRCNN 的有效性，在 Wiki10_31k 一个实例文档上使用热图可视化来表征空时文档表示，这个实例文档包含 14 个标签，分别为 programming、software、architecture、architect、software-defifinition、occupation、roles、reference、architecture-methodology、wikipedia、computer、IT-related、duties 和 history。如图 5.6(a)所示，通过细粒度的短语级信号，标签"architecture-methodology"可以通过短语"design of the architecture"和"design methodology"捕捉；标签"IT-related"可以通过短语"it related architects"捕捉，但是 CNN 空间文档表征忽视了词级标签"roles"和"duties"。如图 5.6(b)所示，标签"roles"和"duties"能通过词级信息进行捕捉，在图 5.6(c)中可观察到，空时文档表征集成了从子网 CNN 和 RNN 获得的两种互补信息，极大地提高了识别能力，这也说明我们提出的 HybridRCNN 结构是有效的。

5.5.6 HybridRCNN 时间复杂度比较

在表 5.4 中，我们列出了整体运行时间(由训练时间、验证时间及测试时间共同组成)，所有时间均以秒为单位表示，并同时展示了模型训练时所占用的存储空间大小，单位为 GB。在比较的方法中，仅仅有 8 个方法可以扩展到 Wiki10_31k 数据集，在 CNN-RNN 框架中，我们的方法得到了与 RCNN 和 DRNN 相似的时间复杂度，而且我们的方法能够容易地通过使用多 GPU 并行来提升模型的训练时间。

software architect is software expert who makes high level design choices and dictates technical standards including software coding standards tools and platforms the leading expert is referred to as the chief architect history the software architect concept began to take hold when object oriented programming or oop was coming into more widespread use in the late and early years of the st century oop allowed ever larger and more complex applications to be built which in turn required increased high level application and system oversight duties the role of software architect generally has certain common traits architects make high level design choices based on his experience on making low level coding experience an architect has thought through all the aspects of software just like an architect that builds house construction architect knows where the ducts will be where the electric connections will be and where the water outlets will be design that common man sees is just the walls and windows but detailed design that is abstracted from the outsider are also present with the architect in addition the architect may sometimes dictate technical standards including coding standards tools or platforms software architects may also be engaged in the design of the architecture of the hardware environment or may focus entirely on the design methodology of the code architects can use various software architectural models that specialize in communicating architecture other types of it related architects the enterprise architect handles the interaction between the business and it sides of an organization and is principally involved with determining the as is and to be states from business and it process perspective discuss many organizations are bundling the software architect duties within the role of enterprise architecture this is primarily done as an effort to up sell the role of software architect

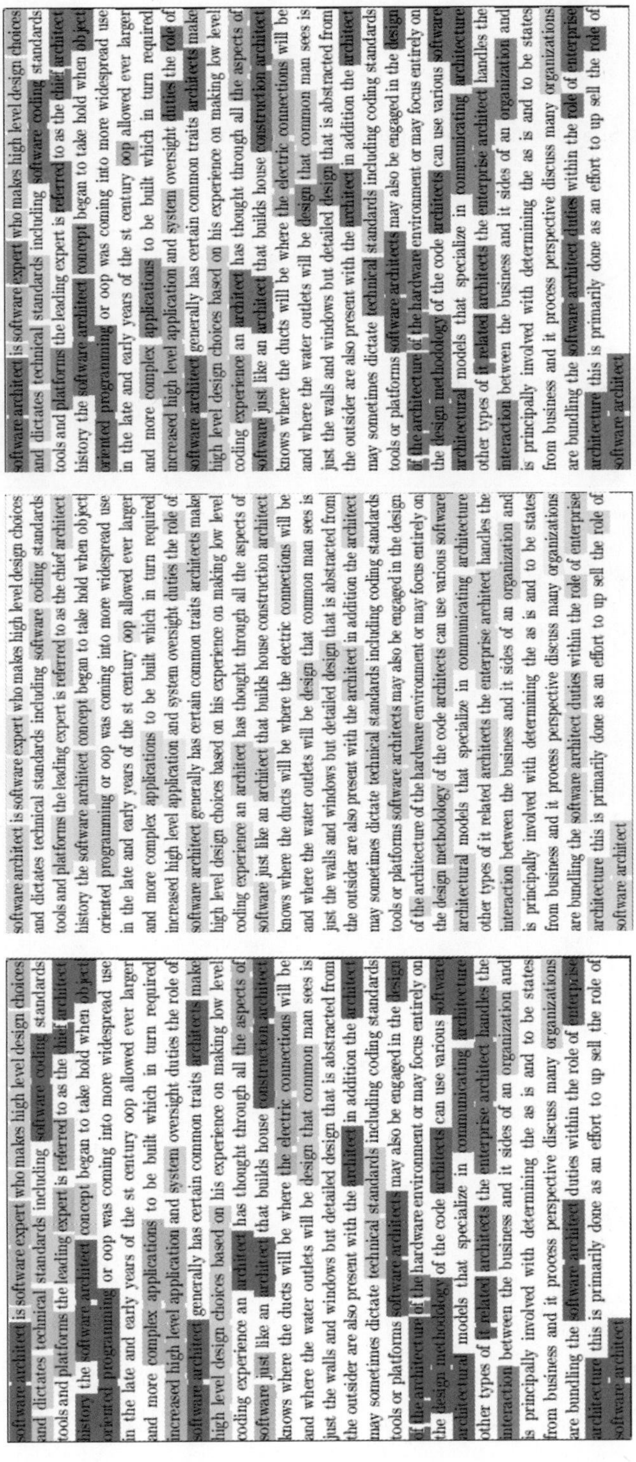

(a)　(b)　(c)

图 5.6　HybridRCNN 可视化分析

表 5.4 算法整体运行时间(训练时间+验证时间+测试时间)和模型大小比较

Methods	Rcv1		Ydata		Yelp		Eurlex_4k		Wiki10_31k	
	Time/s	Size/GB	Time/s	Size/GB	Time/s	Size/GB	Time/s	Size/GB	Time/s	Size/GB
RCNN	295	0.409	556	0.644	1712	1.89	287	0.146	7869	0.534
GRA	281	0.362	377	0.52	1022	1.03	364	0.149	2584	0.56
DRNN	815	0.406	2080	0.639	6382	1.89	553	0.132	—	—
CRAN	230	0.355	308	0.513	718	1.02	361	0.154	3191	0.649
TextCNN	92	0.341	182	0.494	511	1.41	169	0.133	2701	0.534
TextRNN	237	0.408	383	0.641	1080	1.89	240	0.139	3614	0.479
DPCNN	131	0.406	361	0.64	1036	1.89	259	0.132	—	—
Transformer	293	0.41	779	0.645	2733	1.89	474	0.147	3069	0.535
AttConvNet	268	0.428	662	0.662	2371	1.91	347	0.17	—	—
LAHA	108	0.344	469	0.646	1531	1.89	362	0.143	5632	0.483
HybridRNN	285	0.412	893	0.646	2998	1.89	533	0.125	8459	0.453

5.6 极端量级多标签文本实验分析

当标签量很大时,模型 HybridRCNN 存在使用局限,因此我们提出了改进的 Multi-V-Transformer 框架,使用五个标签量较大的数据集验证 Multi-V-Transformer,并且和 DiSMEC[172]、Parabel[173]、Bonsai[174]、FastXML[175]、SLEEC[43]、XML-CNN[36]、AttentionXML[150]、X-Transformer[160] 等极端多标签方法进行了比较。

5.6.1 实验设置

(1) 实验数据集。我们利用 4 个基准数据集来评估 Multi-V-Transformer 方法的有效性,具体数据概览如表 5.5 所示,其中 N_{trn}、N_{tst} 表示训练样本数和测试样本数，D 是特征总数，L 是总的标签数，$\widetilde{L}$ 是每个文档对应的平均标签数，$\hat{L}$ 是每个标签对应的平均文档数。为了进一步分析方法的可扩展性，我们特别选取了 Eurlex_4k 和 Wiki10_31k 这两个数据集进行深入探讨。

表 5.5 极端量级多标签数据集详细信息

Datasets	N_{trn}	N_{tst}	D	L	$\widetilde{L}$	$\hat{L}$
Eurlex_4k	15449	3865	186104	3956	5.30	20.79
Wiki10_31k	14146	6616	101938	30938	18.64	8.52
AmazonCat-13K	1186239	306782	203882	13330	5.04	448.57
Amazon-670K	490449	153025	135909	670091	5.45	3.99

(2) 参数设置。在 Multi-V-Transformer 方法中，我们使用 Tesla V100 GPU 训练模型，GPU 显存是 16G，对所有的实验，我们使用 3 个视图，初始学习率设置为 0.0001，权重衰减设置为 0.01。

5.6.2 极端多标签实验比较

我们比较提出的 Multi-V-Transformer 和优秀的极端多标签学习方法，包括常用的 1-vs-ALL 方法（如 DiSMEC[172]、Parabel[173]、Bonsai[174]）、基于树的方法（如 FastXML[175]）、基于嵌入的方法（如 SLEEC[43]）、基于深度学习的方法（如 XML-CNN[36]、AttentionXML[150]、X-Transformer[160]），评估指标使用 $p@k\{1,3,5\}$，实验结果见表 5.6。

通过实验结果可知：

(1) 与相关的深度极端多标签学习算法相比，如 XML-CNN[36]、AttentionXML[150]、X-Transformer[160]，我们的方法取得了较好的性能，如在 Wiki10_31k 数据集，我们的方法在 $p@1$ 上提高了 X-Transformer 到 0.76%，提高了 AttentionXML 到 1.8%。

(2) 相较于 X-Transformer，我们的方法使用极端多标签聚类学习约简标签，能在较为极端的 Amazon-670K 数据集上进行训练，在 $p@1$ 上提高了 AttentionXML 到 1.71%。

表 5.6 极端量级多标签实验比较

Datasets	Metrics	Methods								
		DiSMEC	Parabel	Bonsai	FastXML	SLEEC	XML-CNN	AttentionXML	X-Transformer	Multi-V-Transformer
Eurlex_4k	p@1	83.21	82.12	82.30	76.37	63.40	75.32	87.12	87.22	**87.58**
	p@3	70.39	68.91	69.55	63.36	50.35	60.14	73.99	75.12	**75.64**
	p@5	58.73	57.89	58.35	52.05	41.28	49.21	61.92	62.90	**63.69**
Wiki10_31k	p@1	84.13	84.19	84.52	83.03	85.88	81.42	87.47	88.51	**89.27**
	p@3	74.72	72.46	73.76	67.47	72.98	66.23	78.48	**78.71**	78.64
	p@5	65.94	63.37	64.69	57.76	62.70	56.11	69.37	**69.62**	69.00
AmazonCat-13K	p@1	93.81	93.02	92.98	93.11	90.53	93.26	95.92	96.70	**96.86**
	p@3	79.08	79.14	79.13	78.20	76.33	77.06	82.41	83.85	**84.31**
	p@5	64.06	64.51	64.46	63.41	61.52	61.40	67.31	68.58	**69.09**
Amazon-670K	p@1	44.78	44.91	45.58	36.99	35.05	33.41	47.58	—	**49.29**
	p@3	39.72	39.77	40.39	33.28	31.25	30.00	42.61	—	**44.14**
	p@5	36.17	35.98	36.60	30.53	28.56	27.42	38.92	—	**40.24**

5.6.3 Multi-V-Transformer 集成消融分析

基于预训练模型 BERT、RoBERTa、XLNet，对 Multi-V-Transformer 进行集成消融分析，结果如表 5.7 所示。通过对不同的预训练模型进行集成，我们的方法取得了较好的性能，例如：在 Wiki10_31k 数据集，在 p@1 上，集成提高 BERT 到 1.98%，提高 RoBERTa 到 3.46%，提高 XLNet 到 4.11%；在 Amazon-670K 数据集，集成提高 BERT 到 3.02%，提高 RoBERTa 到 2.02%，提高 XLNet 到 2.31%。

表 5.7 极端量级 Multi-V-Transformer 集成消融分析

Datasets	Metrics	Methods			
		BERT	RoBERTa	XLNet	Ensemble
Eurlex_4k	p@1	85.30	85.43	86.88	**87.58**
	p@3	73.20	72.56	74.25	**75.64**
	p@5	60.67	60.20	61.72	**63.69**
Wiki10_31k	p@1	87.29	85.81	85.16	**89.27**
	p@3	76.09	73.53	73.28	**78.64**
	p@5	65.32	63.22	63.35	**69.00**
AmazonCat-13K	p@1	96.57	96.55	96.40	**96.86**
	p@3	83.73	83.68	83.34	**84.31**
	p@5	68.57	68.47	68.14	**69.09**
Amazon-670K	p@1	46.27	47.27	46.98	**49.29**
	p@3	41.36	42.29	41.93	**44.14**
	p@5	37.57	38.47	38.19	**40.24**

5.6.4 Multi-V-Transformer 聚类学习分析

在 Multi-V-Transformer 中，我们使用极端多标签聚类学习来约简标签，随着模型训练迭代次数的增加，观察 Amazon-670K 数据集极端多标签聚类学习（公式$\mathcal{L}_S$）和约简的标签集嵌入（公式$\mathcal{L}_Q$）两部分精度变化曲线，如图 5.7 所示。通过使用极端多标签聚类学习，能约简极大的多标签集，然后基于约简的标签集使用不平衡的 Focal 损失对约简的标签集进行学习，最终实现对极端量级的多标签学习。

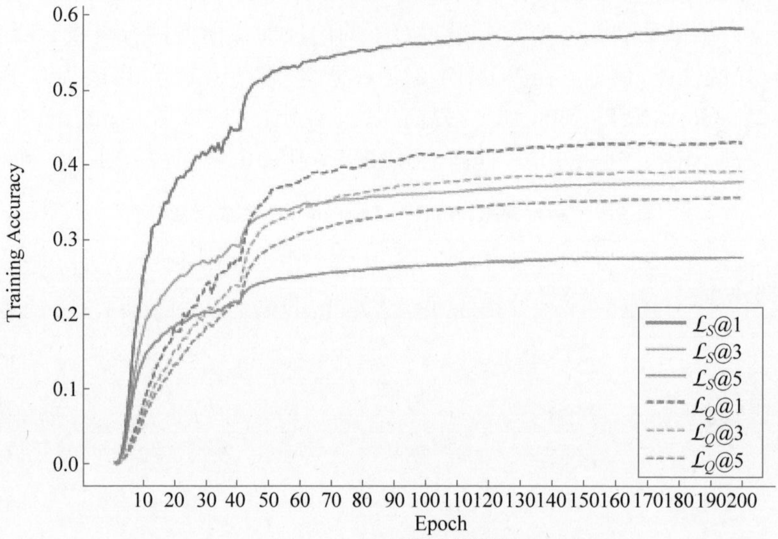

(a) BERT预训练

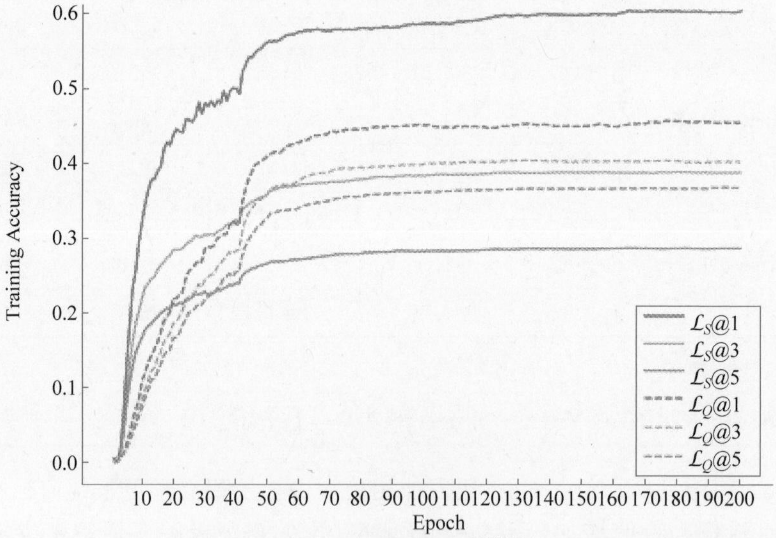

(b) RoBERTa预训练

图 5.7 不同预训练模型 **Multi-V-Transformer** 聚类学习分析

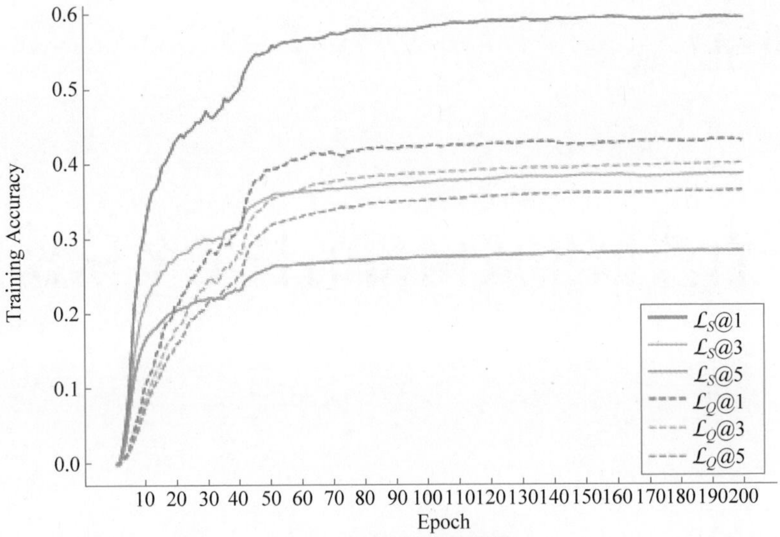

(c) XLNet预训练

图 5.7 （续）

5.7　本章小结

在本章中，针对不同量级的多标签文本分类任务，我们提出了两个网络模型，即 HybridRCNN 模型和 Multi-V-Transformer 模型。为了应对标签数量范围广泛(100～30000)的任务挑战，我们设计了一种创新的 HybridRCNN 网络架构，该架构集成了自适应空时表征技术。此架构能够同时考虑词与词之间、短语与短语之间、词与标签之间以及短语与标签之间的复杂关系。进一步地，通过实施自适应加权集成策略，HybridRCNN 有效地融合了卷积神经网络(CNN)与循环神经网络(RNN)的互补信息，从而实现了分类器识别能力的大幅提升。为了适应极端量级的标签，我们提出了集成 Transformer 多视图表征结构的 Multi-V-Transformer，该网络通过聚类排序模块能有效适应标签量上百万级的分类任务，并且通过多视图注意力表征、极端多标签聚类学习和约简的标签集嵌入学习来提升模型的泛化性能。最后在大量的多标签文本分类任务上与相关的优秀方法进行了比较，并验证了提出方法的有效性。

第6章

基于自蒸馏集成网络的长尾多标签学习

在真实数据集中,数据总是存在着长尾分布现象,如 iNaturalist[176]、COCO[177]、Pascal VOC[178] 等,其数据呈现出 Pareto 分布,当模型在这些数据集上训练时,模型要么过度学习头部,忽视尾部;要么过度学习尾类,忽视头部。存在的传统方法主要基于重采样策略[88-89]和重加权策略[90-91]。在处理长尾分布问题上,近期表现出色的一种策略是采用两阶段解耦训练方法[92-93],这种方法将过程划分为两个主要阶段,即表征学习阶段和分类器训练阶段。二是基于多阶段的知识迁移训练,尽管它们在实践中取得了显著的成果,但同时也面临以下挑战:一是在于其训练过程的多阶段性,当面对规模庞大的多标签数据集时,这种多阶段训练方式会极大地增加模型的训练成本,并导致时间开销的显著增加。二是在多标签学习场景中,由于标签间的频繁共现以及负标签的普遍存在,数据分布呈现出极高的不平衡性,这种不平衡进一步加剧了多标签长尾分布的复杂性。当前的方法大多未能充分探索头类与尾类之间的知识传递与相互作用,从而限制了它们在处理多标签长尾分布问题上的有效性,使得这一难题变得困难。针对上述问题,本章提出了一个名为 OLSD 的长尾多标签学习框架,该框架基于自蒸馏集成网络设计。OLSD 算法通过累积学习策略,巧妙地融合了表征学习与分类器学习两个阶段,实现了两者的同步优化,它通过引入监督的平衡自蒸馏机制以引导知识迁移,这一机制不仅考虑了从头到尾的知识传递,还兼顾了从尾到头的知识迁移。尤为值得一提的是,OLSD 仅需单阶段训练,即可达到甚至超越多阶段模型的训练精度,显著提升了效率,但该方法的应用主要局限于监督学习任务。为了更全面地应对自监督学习任务挑战,本章引入了基于对比学习的双学生协同学习机制,提出了自监督表征蒸馏框架 DS-SED。该算法不仅有效弥补了 OLSD 在表征学习应用上的局限性,还在一系列下游任务如 Many-shot 和 Few-shot 分类任务、长尾可视化识别任务、目标检测任务以及语义分割任务上都取得了较好的性能。

6.1 引言

真实世界中的大部分数据集呈现出长尾分布，长尾识别在许多机器学习任务中得到了广泛关注，如长尾图像分类、人脸识别、目标检测和实例分割等。图 6.1 为 iNaturalist[176] 数据分布，头部类占据了数据集的大部分样本，而少量的样本占据了大多数尾部类，当深度网络模型在这种长尾分布数据集上训练时，模型将过多地倾向于头部类而欠拟合尾部类。

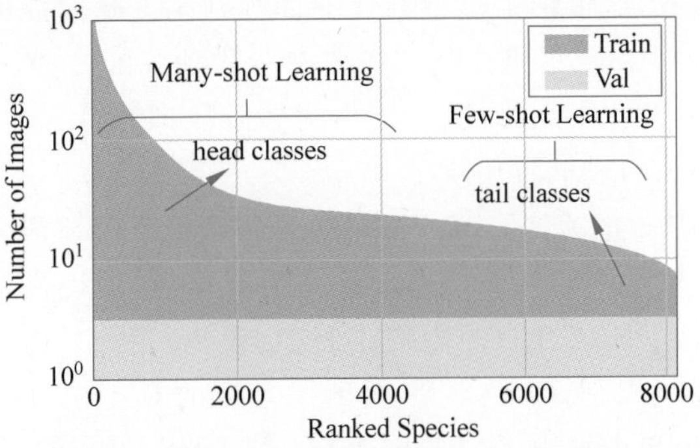

图 6.1 iNaturalist[176] 数据分布示意图

当前处理长尾分布主要方法可概括为如下四类：

(1) 基于重采样和重加权策略。为处理数据的不平衡，传统经典方法主要基于重采样策略[88,89]，如对尾部类进行过采样或者对头部类进行下采样。然而，这种方法带来对尾部类进行过采样将导致模型过度拟合尾部类，对头部类进行下采样将损害了模型的泛化能力。另一种经典方法是对损失函数采用重加权策略[90,91]，即给少数类分配更高的样本权重，通常与样本频数成反比，经典的方法有平衡的交叉熵损失[179]、代价敏感交叉熵损失[90]、focal 损失[161]、类平衡损失[91]等。

(2) 基于两阶段解耦训练方法。该方法主要是将学习任务显式或隐式地分解为表征学习和分类器训练两阶段任务，即在第一阶段对长尾数据进行表征学习，如监督对比学习 SupContrast[180]、InfoNCE[181]等，第二阶段采用不同的方法对分类器进行微调，如 cRT 分类器、近邻均值(NCM)分类器和 τ-normailized。例如：Kang 等[92]首先对数据集采用不同的采样策略进行表征学习，然后在第二阶段通过类平衡采样对分类器进行微调；Zhou 等[93]提出了双分支网络(BBN)，前期侧重于表征学习，后期关注于分类器训练；Zhang 等[182]侧重于长尾分布技巧，探索了不同采样策略和加权策略在两阶段过程中对模型精度的影响；Wang 等[183]设计了混合网络联合监督的对比学习和分类器训练一起用于长尾图片分类。然而，在多标签分类问题中，由于标签的共现，这些方法缺乏考虑头类和尾类之间的知识交互。

（3）基于知识迁移的方法。该方法主要是将丰富的头类知识迁移到尾部类。例如，Wang 等[184]基于元学习方法迁移知识学习尾部类参数，Zhu 等[185]借助复杂的 memory bank 将知识从头到尾进行迁移，Liu 等[186]设计了动态元嵌入和注意力模块从头到尾对知识进行迁移。另一种是基于知识蒸馏进行知识迁移，例如：文献[187-188]采用多教师集成进行知识迁移；文献[189]采用多阶段训练范式，将知识由教师网络迁移到学生网络。然而，这些方法要么需要采用多阶段训练方式，要么采用多教师集成，这带来了模型额外的训练开销。我们提出了基于知识蒸馏的监督自蒸馏网络 OLSD，区别于传统需要多阶段训练的方法，OLSD 仅需单一阶段的训练过程，不仅简化了训练流程，还作为多阶段训练范式的一种高效补充，极大地降低了模型训练的成本与开销。

（4）基于对比学习的方法。该方法主要是在表征学习阶段采用对比学习进行表征学习。使用对比学习的好处是由于缺少监督信息，使得模型能平等地对待每个样本，自然地降低了长尾分布的影响。例如，Wang 等[183]提出了混合对比学习网络用于长尾可视化识别，Cui 等[190]提出了参数的对比学习用于长尾可视化识别。基于对比学习，我们提出了自监督表征蒸馏网络 DS-SED。不同于传统对比学习范式，DS-SED 旨在从大型的表征网络模型中蒸馏知识，以提升小型表征网络的表征能力，并应用到长尾问题中，弥补两阶段解耦训练方法表征能力不强的问题。

综上所述，本章可以概括如下：

（1）为监督学习任务，本章介绍了一种简单而有效的一阶段训练框架 OLSD。该算法并不需要多教师模型或多阶段训练，采用 Mean-teacher 自蒸馏集成网络结构，基于平衡自蒸馏向导的知识迁移损失，模型同时考虑了从头到尾和从尾到头的知识迁移，并把表征学习和分类器学习两个阶段融入一阶段训练中。

（2）为自监督学习任务，我们提出了双学生共同学习的自监督表征蒸馏框架 DS-SED。该算法通过使用 mixup 对比表征蒸馏，使得 CNN 网络（Weak 学生）能够学习到 CNN＋Transformer（Strong 学生）强大的表征能力；该方法一方面弥补了 OLSD 的应用局限，另一方面扩展了长尾分布一阶段表征学习能力，为分类器训练阶段提供了更好的支撑。

（3）提出的 OLSD 算法在各类长尾数据基准测试中均展现出卓越性能，不仅在单标签长尾数据集（如 CIFAR10-LT、CIFAR100-LT、ImageNet-LT）上取得了显著成效，而且在处理多标签长尾数据集（如 COCO-LT、VOC-LT）时也获得了令人满意的实验结果。另外，DS-SED 在下游 Many-shot 和 Few-shot 任务、长尾可视化识别任务、目标检测及语义分割任务上也取得了较好的实验结果。

6.2 问题描述

令$(\boldsymbol{x},\boldsymbol{y})$表示一个长尾分布的数据集，其中 $\boldsymbol{x}=\{x_1,x_2,\cdots,x_N\}$表示 N 个训练样本，对于单标签问题 $\boldsymbol{y}=\{y_1,y_2,\cdots,y_N\}$是对应样本的真实标签，每个 $y_i\in\{1,2,\cdots,C\}$；而对于多标签问题，$\boldsymbol{y}_i=[y_{i1},y_{i2},\cdots,y_{iC}]\in\{0,1\}^C(i=1,2,\cdots,N)$表示一个 C 维向量，其中 $y_{ic}=1$ 表示第 i 个样本属于标签 $c=1,2,\cdots,C$；否则，$y_{ic}=0$。C 是标签的总数，不同于单标签问题，每个 $\boldsymbol{y}_i$ 有多个 1 的元素。对于长尾分布问题，由于数据的不平衡，令 n_i 表示包含类别 i 的样本数，根据类的频数降序排序类索引，使得 $n_1>n_2>\cdots>n_C$。如图 6.1 为 iNaturalist 按照 Species 索引排序结果。在多标签长尾中，由于一个样本中可能存在多个标签，每个类 i 可能被统计多次，使得样本数 $N\leqslant\sum_{i=0}^{C}n_i$。

6.3 监督的 OLSD 自蒸馏集成框架

基于 Mean-teacher 框架[191]，我们提出了一阶段的 OLSD 长尾自蒸馏集成框架，如图 6.2 所示，它主要由三部分组成：一是特征一致性表征学习；二是平衡自蒸馏向导的知识迁移；三是倾向尾类多数的 Mixup 增强。

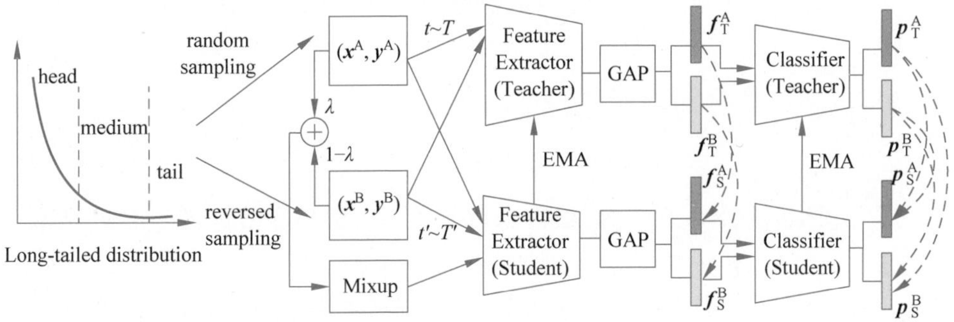

图 6.2 监督的 OLSD 自蒸馏集成框架

6.3.1 特征一致性表征学习

为表征学习，我们采用两种采样方式输入 Mean-teacher 教师框架中，使得学生分支和教师分支表征一致，详细的过程描述如下：

(1) 不同采样输入。对随机采样，随机选择一个样本的概率为 $1/N$；对重平衡采样，首先随机挑选一个类概率为 $1/C$，然后样本 i 被采样的概率为 $\frac{1}{C}\sum_{k=1}^{C}\frac{y_{ik}}{n_i}$，设置为重平衡逆采样方式[93]。使用这两种采样能够获得相应的两种输入分布 $(\boldsymbol{x}^{\mathrm{A}},\boldsymbol{y}^{\mathrm{A}})$ 和 $(\boldsymbol{x}^{\mathrm{B}},\boldsymbol{y}^{\mathrm{B}})$。

(2) Mean-teacher 参数更新。使用 Mean-teacher 框架[191]，在该框架中教师模型参数是学生模型参数的指数移动平均，设 θ_t 表示时间 t 时刻学生网络权重，则教师网络 θ'_t 是连续权值 θ 的指数移动平均(EMA)，表示为

$$\theta'_t=\varepsilon\theta'_{t-1}+(1-\varepsilon)\theta_t$$

式中：ε 为平滑系数超参数，ε 一般设置为 0.99。

把不同分布的输入 $(\boldsymbol{x}^{\mathrm{A}},\boldsymbol{y}^{\mathrm{A}})$ 和 $(\boldsymbol{x}^{\mathrm{B}},\boldsymbol{y}^{\mathrm{B}})$ 分别输入相应的学生分支和教师分支，通过使用全局平均 pooling(GAP)，得到相应的特征向量 $\boldsymbol{f}_{\mathrm{T}}^{\mathrm{A}}\in\mathbb{R}^D$，$\boldsymbol{f}_{\mathrm{T}}^{\mathrm{B}}\in\mathbb{R}^D$，$\boldsymbol{f}_{\mathrm{S}}^{\mathrm{A}}\in\mathbb{R}^D$，$\boldsymbol{f}_{\mathrm{S}}^{\mathrm{B}}\in\mathbb{R}^D$。

(3) 双分支表征一致损失。为了使得学生分支和教师分支在不同的采样分布下学习到一致的表征，使用余弦相似度距离度量表征一致，对标准化的特征向量使用最小二乘 MSE 损失，描述如下：

$$\begin{aligned}\mathcal{L}_{\mathrm{CON}}(\boldsymbol{f}_{\mathrm{T}}^{\mathrm{A}},\boldsymbol{f}_{\mathrm{S}}^{\mathrm{A}};\boldsymbol{f}_{\mathrm{T}}^{\mathrm{B}},\boldsymbol{f}_{\mathrm{S}}^{\mathrm{B}})&=\left\|\frac{\boldsymbol{f}_{\mathrm{T}}^{\mathrm{A}}}{\|\boldsymbol{f}_{\mathrm{T}}^{\mathrm{A}}\|_2}-\frac{\boldsymbol{f}_{\mathrm{S}}^{\mathrm{A}}}{\|\boldsymbol{f}_{\mathrm{S}}^{\mathrm{A}}\|_2}\right\|_2^2+\left\|\frac{\boldsymbol{f}_{\mathrm{T}}^{\mathrm{B}}}{\|\boldsymbol{f}_{\mathrm{T}}^{\mathrm{B}}\|_2}-\frac{\boldsymbol{f}_{\mathrm{S}}^{\mathrm{B}}}{\|\boldsymbol{f}_{\mathrm{S}}^{\mathrm{B}}\|_2}\right\|_2^2\\&=\left(2-2\frac{\langle\boldsymbol{f}_{\mathrm{T}}^{\mathrm{A}},\boldsymbol{f}_{\mathrm{S}}^{\mathrm{A}}\rangle}{\|\boldsymbol{f}_{\mathrm{T}}^{\mathrm{A}}\|_2\|\boldsymbol{f}_{\mathrm{S}}^{\mathrm{A}}\|_2}\right)+\left(2-2\frac{\langle\boldsymbol{f}_{\mathrm{T}}^{\mathrm{B}},\boldsymbol{f}_{\mathrm{S}}^{\mathrm{B}}\rangle}{\|\boldsymbol{f}_{\mathrm{T}}^{\mathrm{B}}\|_2\|\boldsymbol{f}_{\mathrm{S}}^{\mathrm{B}}\|_2}\right)\end{aligned}\tag{6.1}$$

6.3.2 平衡自蒸馏向导知识迁移

在式(6.1)之后，使用全连接层作为网络线性分类器，当相应的特征向量 $\boldsymbol{f}_{\mathrm{T}}^{\mathrm{A}}\in\mathbb{R}^D$，$\boldsymbol{f}_{\mathrm{T}}^{\mathrm{B}}\in\mathbb{R}^D$，$\boldsymbol{f}_{\mathrm{S}}^{\mathrm{A}}\in\mathbb{R}^D$，$\boldsymbol{f}_{\mathrm{S}}^{\mathrm{B}}\in\mathbb{R}^D$ 输入网络分类器产生相应的概率向量 $\boldsymbol{p}_{\mathrm{T}}^{\mathrm{A}}\in\mathbb{R}^C$，$\boldsymbol{p}_{\mathrm{T}}^{\mathrm{B}}\in\mathbb{R}^C$，$\boldsymbol{p}_{\mathrm{S}}^{\mathrm{A}}\in\mathbb{R}^C$，$\boldsymbol{p}_{\mathrm{S}}^{\mathrm{B}}\in\mathbb{R}^C$。为分类器学习，我们提出了监督的平衡自蒸馏向导的知识迁移损失，同时考虑了从头到尾和从尾到头的知识迁移，具体描述如下：

1. 自蒸馏标签修改

传统的知识蒸馏[73]先预训练一个教师模型，再迁移知识到学生模型。这种方法总是先训练教师模型，带来了额外的计算开销。当使用较大的温度尺度进行蒸馏时，知识蒸馏软化目标的分布近似于标签平滑中的均匀分布[192-193]。我们使用自蒸馏进行标签修改[194-195]，即一个数据点输出目标分布是由相应的 one-hot 真

实目标和一个预定义的分布进行线性组合而成。令 $\boldsymbol{p}_{\mathrm{T}}$ 表示 Mean-teacher 分支的预测，用均值教师的预测来软化真实目标 $\boldsymbol{y}$，则自蒸馏标签修改目标$\mathcal{L}_{\mathrm{SKD}}$使用交叉熵描述为

$$\mathcal{L}_{\mathrm{SKD}}(\theta)=H(\eta\boldsymbol{y}+(1-\eta)\boldsymbol{p}_{\mathrm{T}},\boldsymbol{p}_{\mathrm{S}}) \tag{6.2}$$

式中：$\boldsymbol{p}_{\mathrm{S}}$ 为当前学生分支的预测；参数 η 控制了我们应该信任多少来自教师的知识。

2. 自蒸馏联合头到尾和尾到头的知识迁移

在长尾分布中，采样$(\boldsymbol{x}^{\mathrm{A}},\boldsymbol{y}^{\mathrm{A}})$和$(\boldsymbol{x}^{\mathrm{B}},\boldsymbol{y}^{\mathrm{B}})$输入教师分支获得预测分布 $\boldsymbol{p}_{\mathrm{T}}^{\mathrm{A}}$ 和 $\boldsymbol{p}_{\mathrm{T}}^{\mathrm{B}}$，对来自随机采样$(\boldsymbol{x}^{\mathrm{A}},\boldsymbol{y}^{\mathrm{A}})$学生的预测 $\boldsymbol{p}_{\mathrm{S}}^{\mathrm{A}}$，来自重平衡采样$(\boldsymbol{x}^{\mathrm{B}},\boldsymbol{y}^{\mathrm{B}})$学生的预测 $\boldsymbol{p}_{\mathrm{S}}^{\mathrm{B}}$，对参数 η 进行整理，通过联合不同的预测分布 $\boldsymbol{p}_{\mathrm{T}}^{\mathrm{A}}$ 和 $\boldsymbol{p}_{\mathrm{T}}^{\mathrm{B}}$，式(6.2)可写为

$$\begin{cases}\mathcal{L}_{\mathrm{SKD}}^{\mathrm{A}}(\theta)=H(\boldsymbol{y}+\alpha\boldsymbol{p}_{\mathrm{T}}^{\mathrm{A}}+(1-\alpha)\boldsymbol{p}_{\mathrm{T}}^{\mathrm{B}},\boldsymbol{p}_{\mathrm{S}}^{\mathrm{A}})\\ \mathcal{L}_{\mathrm{SKD}}^{\mathrm{B}}(\theta)=H(\boldsymbol{y}+\alpha\boldsymbol{p}_{\mathrm{T}}^{\mathrm{B}}+(1-\alpha)\boldsymbol{p}_{\mathrm{T}}^{\mathrm{A}},\boldsymbol{p}_{\mathrm{S}}^{\mathrm{B}})\end{cases} \tag{6.3}$$

式中，参数 α 控制了有多少知识来自头到尾均匀分布和尾到头的重平衡分布，在我们的方法中，α 根据训练 epoch 动态地产生，即 $\alpha=1-(T/T_{\max})^2$。换句话说，随着训练 epoch 的增加，α 转换学习聚焦，首先迁移知识从头到尾，然后迁移知识从尾到头。

推论 6.1　$\mathcal{L}_{\mathrm{SKD}}^{\mathrm{A}}$可看作交叉熵损失$\mathcal{L}_{\mathrm{CE}}^{\mathrm{A}}$和两项自蒸馏向导知识迁移 $\mathrm{KL}(\boldsymbol{p}_{\mathrm{T}}^{\mathrm{A}}||\boldsymbol{p}_{\mathrm{S}}^{\mathrm{A}})$和 $\mathrm{KL}(\boldsymbol{p}_{\mathrm{T}}^{\mathrm{B}}||\boldsymbol{p}_{\mathrm{S}}^{\mathrm{A}})$的一个上界。

证明：

$$\begin{aligned}\mathcal{L}_{\mathrm{SKD}}^{\mathrm{A}}(\theta)&=H(\boldsymbol{y}+\alpha\boldsymbol{p}_{\mathrm{T}}^{\mathrm{A}}+(1-\alpha)\boldsymbol{p}_{\mathrm{T}}^{\mathrm{B}},\boldsymbol{p}_{\mathrm{S}}^{\mathrm{A}})\\ &=\underbrace{H(\boldsymbol{y},\boldsymbol{p}_{\mathrm{S}}^{\mathrm{A}})}_{\text{cross-entropy}}+\alpha H(\boldsymbol{p}_{\mathrm{T}}^{\mathrm{A}},\boldsymbol{p}_{\mathrm{S}}^{\mathrm{A}})+(1-\alpha)H(\boldsymbol{p}_{\mathrm{T}}^{\mathrm{B}},\boldsymbol{p}_{\mathrm{S}}^{\mathrm{A}})\\ &=\mathcal{L}_{\mathrm{CE}}^{\mathrm{A}}+\alpha(\mathrm{KL}(\boldsymbol{p}_{\mathrm{T}}^{\mathrm{A}}\,||\,\boldsymbol{p}_{\mathrm{S}}^{\mathrm{A}})+H(\boldsymbol{p}_{\mathrm{T}}^{\mathrm{A}}))+(1-\alpha)(\mathrm{KL}(\boldsymbol{p}_{\mathrm{T}}^{\mathrm{B}}\,||\,\boldsymbol{p}_{\mathrm{S}}^{\mathrm{A}})+H(\boldsymbol{p}_{\mathrm{T}}^{\mathrm{B}}))\\ &=\mathcal{L}_{\mathrm{CE}}^{\mathrm{A}}+\alpha\mathrm{KL}(\boldsymbol{p}_{\mathrm{T}}^{\mathrm{A}}\,||\,\boldsymbol{p}_{\mathrm{S}}^{\mathrm{A}})+(1-\alpha)\mathrm{KL}(\boldsymbol{p}_{\mathrm{T}}^{\mathrm{B}}\,||\,\boldsymbol{p}_{\mathrm{S}}^{\mathrm{A}})+\\ &\quad\underbrace{\alpha H(\boldsymbol{p}_{\mathrm{T}}^{\mathrm{A}})+(1-\alpha)H(\boldsymbol{p}_{\mathrm{T}}^{\mathrm{B}})}_{\text{constant}}\\ &\geqslant\mathcal{L}_{\mathrm{CE}}^{\mathrm{A}}+\alpha\underbrace{\mathrm{KL}(\boldsymbol{p}_{\mathrm{T}}^{\mathrm{A}}\,||\,\boldsymbol{p}_{\mathrm{S}}^{\mathrm{A}})}_{\text{head to tail}}+(1-\alpha)\underbrace{\mathrm{KL}(\boldsymbol{p}_{\mathrm{T}}^{\mathrm{B}}\,||\,\boldsymbol{p}_{\mathrm{S}}^{\mathrm{A}})}_{\text{tail to head}}\end{aligned} \tag{6.4}$$

注意，推论 6.1 出示了当使用$\mathcal{L}_{\mathrm{SKD}}^{\mathrm{A}}$替换传统交叉熵$\mathcal{L}_{\mathrm{CE}}^{\mathrm{A}}$，增加了两个 KL 散度的效果，即 $\mathrm{KL}(\boldsymbol{p}_{\mathrm{T}}^{\mathrm{A}}||\boldsymbol{p}_{\mathrm{S}}^{\mathrm{A}})$和 $\mathrm{KL}(\boldsymbol{p}_{\mathrm{T}}^{\mathrm{B}}||\boldsymbol{p}_{\mathrm{S}}^{\mathrm{A}})$。这表明，最小化$\mathcal{L}_{\mathrm{SKD}}^{\mathrm{A}}$不仅最小化交叉熵$\mathcal{L}_{\mathrm{CE}}^{\mathrm{A}}$，也最小化头到尾和尾到头 KL 散度。然而在长尾分布中，直接使用推论 6.1 进行目标学习，将导致如下两个问题：

(1) 不平衡训练数据和平衡测试数据之间的不匹配导致了标准 softmax 交叉熵$\mathcal{L}_{CE}$传达了一种偏见的估计。

(2) 长尾数据分布,教师模型自然地偏向于头类,当使用 KL 散度($KL(\boldsymbol{p}_T^A || \boldsymbol{p}_S^A)$和 $KL(\boldsymbol{p}_T^B || \boldsymbol{p}_S^A)$)进行知识蒸馏时,学生模型自然地偏向于头类。

3. 平衡的自蒸馏重加权损失

为了解决上述两个问题,使用平衡的自蒸馏重加权损失替换$\mathcal{L}_{CE}$和 KL 散度。使用实例平衡 softmax[179]替换传统$\mathcal{L}_{CE}$中的 softmax,定义为

$$\mathcal{L}_{BCE}^{A}(\boldsymbol{z},c) = -\frac{n_i}{\sum_{k=1}^{C} n_k} \log\left(\frac{\exp(z_c)}{\sum_{k=1}^{C}\exp(z_i)}\right) \tag{6.5}$$

式中:$\boldsymbol{z}$ 为网络输出的 logits 值;n_i 为样本在类 i 的样本数,它根据样本频数降序排序。

同理,也能得到$\mathcal{L}_{BCE}^{B}(\boldsymbol{z},c)$。使用类平衡蒸馏替换 KL 损失定义为[91,196]

$$KL(\boldsymbol{p}_T^A || \boldsymbol{p}_S^A; \boldsymbol{w}_A) = \sum_i \boldsymbol{w}_i \boldsymbol{p}_T^A \log \frac{\boldsymbol{w}_i \boldsymbol{p}_T^A}{\boldsymbol{p}_S^A} \tag{6.6}$$

式中:权重向量 $\boldsymbol{w}_i = (1-\beta)/(1-\beta^{n_i})$与样本数成反比,$\beta$ 设置为 0.99。使用相同的方式也可计算其他的 KL 损失项,因此,平衡的自蒸馏重加权损失定义为

$$\begin{cases}\mathcal{L}_{SKD}^{A}(\theta) = \mathcal{L}_{BCE}^{A} + \alpha KL(\boldsymbol{p}_T^A || \boldsymbol{p}_S^A; \boldsymbol{w}_A) + (1-\alpha) KL(\boldsymbol{p}_T^B || \boldsymbol{p}_S^A; \boldsymbol{w}_A) \\ \mathcal{L}_{SKD}^{B}(\theta) = \mathcal{L}_{BCE}^{B} + \alpha KL(\boldsymbol{p}_T^B || \boldsymbol{p}_S^B; \boldsymbol{w}_B) + (1-\alpha) KL(\boldsymbol{p}_T^A || \boldsymbol{p}_S^B; \boldsymbol{w}_B)\end{cases} \tag{6.7}$$

6.3.3 倾向尾类多数的 Mixup 增强

对于长尾可视化识别,文献[189]采用多阶段训练方式取得了较好的实验结果,我们的方法仅使用一阶段自蒸馏训练方式,尽管式(6.7)同时考虑了头到尾和尾到头的知识迁移,然而由于长尾分布,模型表征能力有限。为了提高模型泛化性,可以使用 Mixup 进行样本增强,如 Manifold mixup[197]、CutMix[198]等。传统的 Mixup 增强主要使用 $\xi \sim Beta(\alpha,\alpha)$线性插值两个样本产生新的虚拟样本。然而,当应用到长尾数据集中时,产生的样本仍然侧重偏向于头类,仍然服从长尾分布[199]。因此,不同于传统的 Mixup 增强,我们使用尾类多数的 Mixup 增强来解决长尾 Mixup 问题。

在我们的方法中,分布$(\boldsymbol{x}^A,\boldsymbol{y}^A)$和$(\boldsymbol{x}^B,\boldsymbol{y}^B)$输入网络中,可使用 Mixup 线性插值两个不同分布样本。设(x_i,y_i)来自随机采样$(\boldsymbol{x}^A,\boldsymbol{y}^A)$,$(x_j,y_j)$来自重平衡逆采样$(\boldsymbol{x}^B,\boldsymbol{y}^B)$,因此,使用 $\xi^* \sim \wp(n_{y_i},n_{y_j};\alpha,\alpha)$,可产生尾类多数分布的 Mixup 样本,即

$$\begin{cases}\hat{x}=\xi^* x_i+(1-\xi^*)x_j \\ \hat{y}=\xi^* y_i+(1-\xi^*)y_j\end{cases} \tag{6.8}$$

其中 ξ^* 满足平衡因子，令 $\xi \sim \mathrm{Beta}(\alpha,\alpha)$ 表示为 $f(\xi;\alpha,\alpha)$，则 $\xi^* \sim \wp(n_{y_i},n_{y_j};\alpha,\alpha)$ 可描述为

$$\xi^* \sim \wp(n_{y_i},n_{y_j};\alpha,\alpha)=\begin{cases} f\left(\xi^*-\dfrac{n_{y_j}}{n_{y_i}+n_{y_j}}+1;\alpha,\alpha\right), & \xi^* \in \left[0,\dfrac{n_{y_j}}{n_{y_i}+n_{y_j}}\right) \\ f\left(\xi^*-\dfrac{n_{y_j}}{n_{y_i}+n_{y_j}};\alpha,\alpha\right), & \xi^* \in \left[\dfrac{n_{y_j}}{n_{y_i}+n_{y_j}},1\right] \end{cases} \tag{6.9}$$

对图像分类，由于 (x_i,y_i) 和 (x_j,y_j) 可以从增强 $t \sim T$ 和 $t \sim T'$ 产生，能使用式(6.8)产生两种新的增强数据，即 $(\hat{x}_1,\hat{y}_1)$ 和 $(\hat{x}_2,\hat{y}_2)$。使用交叉熵损失，平衡 Mixup 增强损失定义为

$$\mathcal{L}_{\mathrm{MIX}}=0.5(\mathcal{L}_{\mathrm{CE}}(\hat{x}_1,\hat{y}_1)+\mathcal{L}_{\mathrm{CE}}(\hat{x}_2,\hat{y}_2)) \tag{6.10}$$

推论 6.2 对于一个训练数据集 $\mathcal{D}_{\mathrm{train}}$，设随机抽取的两个样本为 (x_i,y_i) 和 (x_j,y_j)，$\xi \sim \mathrm{Beta}(\alpha,\alpha)$，则使用 Mixup 增强产生新的虚拟样本 $(\hat{x},\hat{y})$ 跟随原始数据集 $\mathcal{D}_{\mathrm{train}}$ 相同的长尾分布。

证明：详细的推导见 6.3.4 节。

推论 6.3 对于一个训练数据集 $\mathcal{D}_{\mathrm{train}}$，设使用随机采样和逆采样得到两个样本 (x_i,y_i) 和 (x_j,y_j)，当 $\xi^* \sim \wp(n_{y_i},n_{y_j};\alpha,\alpha)$，则使用 Mixup 增强产生新的虚拟样本 $(\hat{x},\hat{y})$ 跟随一个尾类多数的分布。

证明：详细的推导见 6.3.4 节。

为多标签学习，由于一个样本存在多个标签，使用式(6.8)实现 Mixup 增强是不合理的，可使用下式代替：

$$\hat{x}=0.5x_i+0.5x_j, \quad \hat{y}=y_i \vee y_j \tag{6.11}$$

联立式(6.1)、式(6.7)和式(6.10)，可得到一阶段自蒸馏向导的知识迁移方法 OLSD。其损失函数定义为

$$\mathcal{L}_{\mathrm{OLSD}}=\mathcal{L}_{\mathrm{SKD}}^{\mathrm{A}}+\mathcal{L}_{\mathrm{SKD}}^{\mathrm{B}}+\mathcal{L}_{\mathrm{MIX}}+\mathcal{L}_{\mathrm{CON}} \tag{6.12}$$

6.3.4 相关理论分析

命题 6.1 对于一个长尾分布数据集 $\mathcal{D}_{\mathrm{train}}$，假设长尾满足参数为 λ 的指数分布，定义不平衡因子 $\rho=\dfrac{n_{\max}}{n_{\min}}$，其中 $n_{\max}$ 和 $n_{\min}$ 分别为数据集中最多和最少类别样本数，则类 Y 属于 y_i 的概率为

$$P(Y=y_i)=\begin{cases}\alpha e^{-\lambda y_i}, & y_i\in[1,C]\\ 0, & 其他\end{cases} \tag{6.13}$$

根据式(6.13)可得

$$\lambda=\frac{\ln\rho}{C-1}$$

由式

$$\int_{y_{i\in Y}} P(Y=y_i)\mathrm{d}y_i=\int_1^C \alpha e^{-\lambda y_i}\mathrm{d}y_i=1$$

可得

$$\alpha=\frac{\lambda}{e^{-\lambda}-e^{-\lambda C}}$$

因此,长尾分布$\mathcal{D}_{\text{train}}$可表达为

$$P(Y=y_i)=\frac{\iint\limits_{x_i\in\mathcal{X},y_j\in\mathcal{Y}} \mathbb{I}(X=x_i,Y=y_i)\mathrm{d}x_i\mathrm{d}y_j}{\iint\limits_{x_i\in\mathcal{X},y_j\in\mathcal{Y}} \mathbb{I}(X=x_i,Y=y_j)\mathrm{d}x_i\mathrm{d}y_j}=\frac{\lambda}{e^{-\lambda}-e^{-\lambda C}}e^{-\lambda y_i},\quad y_i\in[1,C] \tag{6.14}$$

式(6.14)主要取决于数据集类别数 C 和不平衡因子 ρ(λ 由 ρ 和 C 决定)。

(1) 推论 6.2 详细证明过程。

证明:给定 Mixup 因子 $\xi\sim\mathrm{Beta}(\alpha,\alpha)$,可产生新的虚拟样本

$$\hat{x}_{i,j}=\xi x_i+(1-\xi)x_j,\hat{y}_{i,j}=\xi y_i+(1-\xi)y_j$$

产生的新样本 $\hat{x}_{i,j}$ 属于类 y_i 存在两种情况:一是成对样本(x_i,y_i)和(x_j,y_j)都属于类 y_i;二是它们中有一个属于类 y_i,且 Mixup 因子 ξ 偏向于类 y_i。因此,可得

$$\begin{aligned}P(\hat{y}_{i,j}=y_i)=&P(\hat{y}_{i,j}=y_i)\cdot P(\hat{y}_{i,j}=y_i)P_\xi(0\leqslant\xi\leqslant 1)+\\&P(\hat{y}_{i,j}=y_i)\cdot P(\hat{y}_{i,j}\neq y_i)P_\xi(\xi\geqslant 0.5)+\\&P(\hat{y}_{i,j}\neq y_i)\cdot P(\hat{y}_{i,j}=y_i)P_\xi(\xi<0.5)\end{aligned}$$

则 Mixup 产生的数据分布为

$$\begin{aligned}P_{\text{mixup}}(Y=y_i)=&P(Y=y_i)\cdot P(Y=y_i)\int_{0\leqslant\xi\leqslant 1}\mathrm{Beta}(\alpha,\alpha)\mathrm{d}\xi+\\&P(Y=y_i)\int_{y_j\neq y_i}\int_{\xi\geqslant 0.5}\mathrm{Beta}(\alpha,\alpha)\cdot P(Y=y_j)\mathrm{d}\xi\mathrm{d}y_j+\\&\int_{y_j\neq y_i}\int_{\xi<0.5}\mathrm{Beta}(\alpha,\alpha)\cdot P(Y=y_j)\mathrm{d}\xi\mathrm{d}y_j\cdot P(Y=y_i)\end{aligned}$$

$$
\begin{aligned}
&= P^2(Y=y_i) + 0.5P(Y=y_i)\cdot(1-P(Y=y_i)) + \\
&\quad 0.5(1-P(Y=y_i))\cdot P(Y=y_i) \\
&= P^2(Y=y_i) + 0.5P(Y=y_i) - 0.5P^2(Y=y_i) + \\
&\quad 0.5P(Y=y_i) - 0.5\cdot P^2(Y=y_i) \\
&= P(Y=y_i) = \frac{\lambda}{e^{-\lambda}-e^{-\lambda C}}e^{-\lambda y_i}
\end{aligned}
$$

推论 6.2 得证。

(2) 推论 6.3 详细证明过程。

证明：给定 Mixup 因子 $\xi^* \sim \wp(n_{y_i}, n_{y_j}; \alpha, \alpha)$，设$(x_i, y_i)$是随机采样，根据上述分析，则有

$$
P(Y=y_i) = \frac{\lambda}{e^{-\lambda}-e^{-\lambda C}}e^{-\lambda y_i}
$$

设(x_j, y_j)是数据集$\mathcal{D}_{\text{train}}$与 τ 相关的逆采样，则有

$$
\begin{aligned}
P_{\text{inverse}}(Y=y_j) &= \frac{P^\tau(Y=y_j)}{\int_{y_k\in\mathcal{Y}} P^\tau(Y=y_k)\mathrm{d}y_k} = \frac{\left(\frac{\lambda}{e^{-\lambda}-e^{-\lambda C}}e^{-\lambda y_j}\right)^\tau}{\int_{y_k\in\mathcal{Y}}\left(\frac{\lambda}{e^{-\lambda}-e^{-\lambda C}}e^{-\lambda y_k}\right)^\tau \mathrm{d}y_k} \\
&= \frac{e^{-\lambda\tau y_j}}{\int_1^C e^{-\lambda\tau y_k}\mathrm{d}y_k} = \frac{\lambda\tau e^{-\lambda\tau y_j}}{e^{-\lambda\tau}-e^{-\lambda\tau C}}
\end{aligned}
$$

因此，使用随机采样和逆采样进行 Mixup 增强产生的数据分布为

$$
\begin{aligned}
P^*_{\text{mixup}}(Y=y_i) &= P(Y=y_i)\cdot\prod\left(\int\xi^*_{i,j}\ \wp(n_{y_i}, n_{y_j}; \alpha,\alpha)\mathrm{d}\xi^*_{i,j} \geqslant 0.5\right)\cdot P_{\text{inverse}}(Y<y_i) \\
&= P(Y=y_i)\int_{y_j<y_i}\prod\left(\int\xi^*_{i,j}\ \wp(n_{y_i}, n_{y_j}; \alpha,\alpha)\mathrm{d}\xi^*_{i,j} \geqslant 0.5\right) P_{\text{inverse}}(Y=y_j)\mathrm{d}y_j \\
&= P(Y=y_i)\cdot\int_1^{y_i} P_{\text{inverse}}(Y=y_j)\mathrm{d}y_j \\
&= \frac{\lambda}{e^{-\lambda}-e^{-\lambda C}}e^{-\lambda y_i}\cdot\int_1^{y_i}\frac{\lambda\tau e^{-\lambda\tau y_j}}{e^{-\lambda\tau}-e^{-\lambda\tau C}}\mathrm{d}y_j \\
&= \frac{\lambda}{(e^{-\lambda}-e^{-\lambda C})(e^{-\lambda\tau C}-e^{-\lambda\tau})}\left(e^{-\lambda y_i(\tau+1)} - e^{-\lambda(\tau+y_i)}\right)
\end{aligned}
$$

这是一个在[1,C]内增加的函数，因此 $P^*_{\text{mixup}}(Y=y_i)$是一个倾向于尾类多数的分布，推论 6.3 得证。

6.4 改进的自监督 DS-SED 表征蒸馏集成框架

当前处理长尾问题主要方法是基于两阶段解耦训练方法[92-93]，即表征学习阶段和分类器训练阶段。常见处理表征学习阶段的方法主要是基于对比学习的，如 SimCLR[200]、MoCo[201]、BYOL[202]等。不同于监督学习只能学习到一些特定任务的知识，对比学习基于正例和负例在特征空间上进行对比能学习到更通用的知识。因此，为了弥补 OLSD 方法的使用局限，我们提出了自监督 DS-SED 表征蒸馏框架，如图 6.3 所示。它主要由两部分组成：一是 Mixup 对比表征学习 $\mathcal{L}_{\text{mixup}}^{\text{BYOL}}$；二是最大互信息表征蒸馏 $I(T,S)$。为下游任务，使用 logits 补偿的多标签分类器学习来解决长尾分布问题。

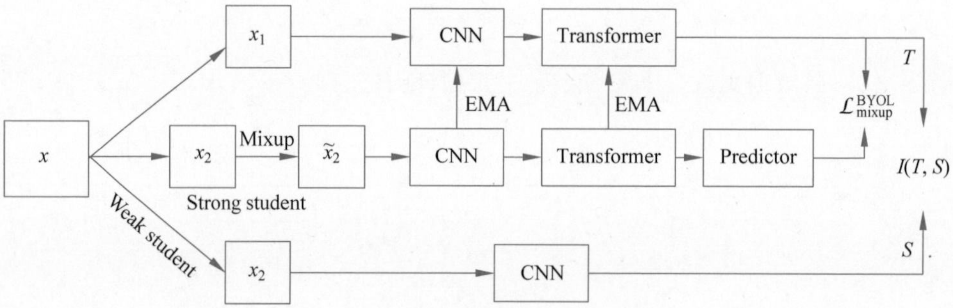

图 6.3 自监督 DS-SED 表征蒸馏框架

6.4.1 Mixup 对比表征学习

基于 BYOL 模型结构，使用 Mixup 对比表征学习进行自监督训练，通过该阶段可得到一个强类型的教师表征网络。令 $\mathcal{B}=\{(x_i,\tilde{x}_i)\}_{i=1}^{N}$ 是一个 batch 数据，N 是 batch 数量，$x_i,\tilde{x}_i\in\mathcal{X}$是相同数据点的两种不同增强，对每个数据点 x_i、$\tilde{x}_i$ 表示它的正例，$\tilde{x}_{j\neq i}$ 表示它的负例。对比学习旨在最大化正对之间的相似而最小化负对相似。令 $v_i\in\{0,1\}^N$ 表示$\mathcal{B}$中样本点 x_i 和 $\tilde{x}_i$ 的伪标，定义为 $v_{i,i}=1$；否则，$v_{i,j\neq i}=0$。使用伪标(x_i,v_i)定义损失函数为

$$\begin{aligned}&\mathcal{L}_{\text{mixup}}((x_i,v_i),(x_j,v_j);\mathcal{B},\xi)\\&=\ell(\xi x_i+(1-\xi x_j),\xi v_i+(1-\xi v_j);\mathcal{B})\end{aligned}\tag{6.15}$$

式中：$\xi\sim\text{Beta}(\alpha,\alpha)$，$\ell$ 可以是交叉熵损失或者标准化后的最小二乘损失。

1. BYOL-Mixup 对比表征学习

不同于其他对比学习方法，如 SimCLR[200]、MoCo[201]，BYOL 并不需要负对样本。给定相同数据样本的两种增强视图 $x_i,\tilde{x}_i\in\mathcal{X}$，模型 f 学习预测不同视图

的表征嵌入，由两个分支组成，教师分支是学生分支预测嵌入 f_i 的指数移动平均(EMA)，记为 $\tilde{f}_i^{\mathrm{EMA}}$，为了防止模型崩塌，学生分支比教师分支多了一个预测头 g，则 BYOL 的目标是最小化 $g(f_i)$ 和 $\tilde{f}_i^{\mathrm{EMA}}$，定义为

$$\mathcal{L}_{\mathrm{BYOL}}(x_i,\tilde{x}_i)=\left\|\frac{g(f_i)}{\|g(f_i)\|}-\frac{\tilde{f}_i^{\mathrm{EMA}}}{\|\tilde{f}_i^{\mathrm{EMA}}\|}\right\|^2=2-2\phi(g(f_i),\tilde{f}_i^{\mathrm{EMA}}) \quad (6.16)$$

式中：$\phi(g(f_i),\tilde{f}_i^{\mathrm{EMA}})=\dfrac{g(f_i)^{\mathrm{T}}\tilde{f}_i^{\mathrm{EMA}}}{\|g(f_i)\|\ \|\tilde{f}_i^{\mathrm{EMA}}\|}$表示两个 L_2 标准化向量的内积。

令 $\widetilde{F}=\left[\dfrac{\tilde{f}_1^{\mathrm{EMA}}}{\|\tilde{f}_1^{\mathrm{EMA}}\|},\dfrac{\tilde{f}_2^{\mathrm{EMA}}}{\|\tilde{f}_2^{\mathrm{EMA}}\|},\cdots,\dfrac{\tilde{f}_N^{\mathrm{EMA}}}{\|\tilde{f}_N^{\mathrm{EMA}}\|}\right]$是视图 $\tilde{x}_i$ 标准化后的向量集合，由于 $\tilde{x}_i$ 可以使用伪标 v_i 进行表达，使得$\dfrac{\tilde{f}_i^{\mathrm{EMA}}}{\|\tilde{f}_i^{\mathrm{EMA}}\|}=\widetilde{F}v_i$，根据式(6.15)，对两个使用伪标的数据实例$(x_i,v_i)$和$(x_j,v_j)$，一个 batch 数据对$\mathcal{B}=\{(x_i,\tilde{x}_i)\}_{i=1}^N$，BYOL-Mixup 对比表征学习目标描述为

$$\begin{aligned}&\mathcal{L}_{\mathrm{mixup}}^{\mathrm{BYOL}}((x_i,v_i),(x_j,v_j);\ \mathcal{B},\xi)\\&=\left\|\frac{g(f(\xi x_i+(1-\xi)x_j))}{\|g(f(\xi x_i+(1-\xi)x_j))\|}-\frac{\widetilde{F}(\xi v_i+(1-\xi)v_j)}{\|\widetilde{F}(\xi v_i+(1-\xi)v_j)\|}\right\|^2\\&=2-2\phi(g(f(\xi x_i+(1-\xi)x_j)),\widetilde{F}(\xi v_i+(1-\xi)v_j))\end{aligned} \quad (6.17)$$

通过式(6.16)可得到强的教师表征模型。

推论 6.4 $\mathcal{L}_{\mathrm{mixup}}^{\mathrm{BYOL}}$可描述为 Mixup 交叉熵损失的形式，即

$$\begin{aligned}\mathcal{L}_{\mathrm{mixup}}^{\mathrm{BYOL}}((x_i,v_i),(x_j,v_j);\ \mathcal{B},\xi)=&\ \xi\,\mathcal{L}_{\mathrm{BYOL}}(\xi x_i+(1-\xi)x_j,v_i;\ \mathcal{B})+\\&(1-\xi)\,\mathcal{L}_{\mathrm{BYOL}}(\xi x_i+(1-\xi)x_j,v_j;\ \mathcal{B})\end{aligned}$$

证明：令

$$\widetilde{F}=\left[\frac{\tilde{f}_1^{\mathrm{EMA}}}{\|\tilde{f}_1^{\mathrm{EMA}}\|},\frac{\tilde{f}_2^{\mathrm{EMA}}}{\|\tilde{f}_2^{\mathrm{EMA}}\|},\cdots,\frac{\tilde{f}_N^{\mathrm{EMA}}}{\|\tilde{f}_N^{\mathrm{EMA}}\|}\right]$$

使得

$$\frac{\tilde{f}_i^{\mathrm{EMA}}}{\|\tilde{f}_i^{\mathrm{EMA}}\|}=\widetilde{F}v_i,\quad \hat{g}=\frac{g(f(\xi x_i+(1-\xi)x_j))}{\|g(f(\xi x_i+(1-\xi)x_j))\|}$$

则有

$$\begin{aligned}&\mathcal{L}_{\mathrm{mixup}}^{\mathrm{BYOL}}((x_i,v_i),(x_j,v_j);\ \mathcal{B},\xi)\\&=\|\hat{g}-\widetilde{F}(\xi v_i+(1-\xi)v_j)\|^2\\&=\|\hat{g}-(\xi\widetilde{F}v_i+(1-\xi)\widetilde{F}v_j)\|^2\end{aligned}$$

$$=1-2\widehat{g}^{\mathrm{T}}(\xi\widetilde{F}v_i+(1-\xi)\widetilde{F}v_j)+\|\xi\widetilde{F}v_i+(1-\xi)\widetilde{F}v_j\|^2$$

$$=2-2\widehat{g}^{\mathrm{T}}(\xi\widetilde{F}v_i+(1-\xi)\widetilde{F}v_j)+\mathrm{const}$$

$$=\xi\|\widehat{g}-\widetilde{F}v_i\|^2+(1-\xi)\|\widehat{g}-\widetilde{F}v_j\|^2+\mathrm{const}$$

$$=\xi\,\mathcal{L}_{\mathrm{BYOL}}(\xi x_i+(1-\xi)x_j,v_i;\mathcal{B})+$$

$$(1-\xi)\,\mathcal{L}_{\mathrm{BYOL}}(\xi x_i+(1-\xi)x_j,v_j;\mathcal{B})+\mathrm{const}$$

推论得证。

2. CNN-Transformer 混合表征

为了学习强的表征，我们设计了 CNN-Transformer 混合表征结构，如图 6.3 所示，目的是为 CNN 蒸馏 Transformer 自注意力表征结构信息，如此强化原始 CNN 的表征能力。如图 6.4 所示，Transformer 块[203]主要基于多头自注意，由两个 MLP 组成。输入特征图 $\boldsymbol{s}$ 首先通过一个 MLP 进行维度映射，然后输入多头自注意力层中，最后通过一个 MLP 映射输出结果。在单个自注意层中，输入特征向量通过 MLP 权重 w_q、w_k、w_v 映射到查询向量 $\boldsymbol{q}$、键向量 $\boldsymbol{k}$、值向量 $\boldsymbol{v}$，然后将查询 $\boldsymbol{q}$ 与键 $\boldsymbol{k}$ 相乘形成基于内容的注意，将 $\boldsymbol{q}$ 与编码位置 $\boldsymbol{p}$ 相乘形成基于位置的注意，描述为

$$\mathrm{Attention}(\boldsymbol{q},\boldsymbol{k},\boldsymbol{v})=\mathrm{softmax}\left(\frac{\boldsymbol{q}\boldsymbol{p}^{\mathrm{T}}+\boldsymbol{q}\boldsymbol{k}^{\mathrm{T}}}{\sqrt{d_k}}\right)\boldsymbol{v} \tag{6.18}$$

式中：d_k 表示查询向量 $\boldsymbol{q}$ 和键向量 $\boldsymbol{k}$ 的维度，位置编码 $\boldsymbol{p}$ 和输入 $\boldsymbol{s}$ 具有相同的维度。

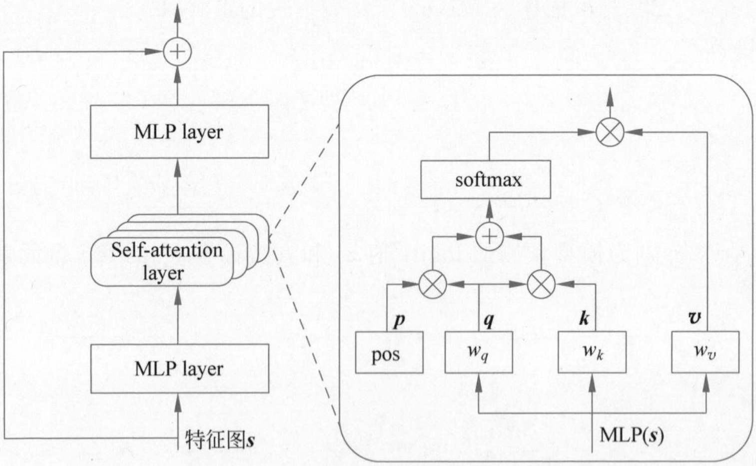

图 6.4　CNN-Transformer 混合表征

6.4.2 最大化互信息表征蒸馏

如图 6.3 所示，给定一个数据点 x，令 BYOL-Mixup 对比学习教师网络表征输出 $T=\tilde{f}^{\text{EMA}}(x)$，弱学生分支表征输出 $S=f^{S}(x)$，考虑联合分布 $p(T,S)$ 和边际分布乘积 $p(T)p(S)$，通过最大化 KL 散度可最大化教师和学生之间的互信息：

$$I(T,S)=\text{KL}(p(T,S)\,||\,p(T)p(S)) \tag{6.19}$$

推论 6.5 最大化互信息 $I(S,T)$ 可转化为最大化教师 T 和学生 S 之间互信息的一个下界，即最大化

$$h(T,S)=\frac{\mathrm{e}^{g^{T}(T)'g^{S}(S)/\tau}}{\mathrm{e}^{g^{T}(T)'g^{S}(S)/\tau}+\dfrac{N}{M}}$$

式中：g 为线性变换保证 T 和 S 有相同的维度；τ 为温度尺度；N 为不一致样本对数；M 为数据集大小。

证明：详细的推导见 6.4.4 节。

通过联立式(6.17)和式(6.19)，可同时学习强的 CNN-Transformer 教师表征，并且蒸馏自注意力结构信息到弱的学生。也就是说，最后只用少量参数的弱学生 CNN 分支作为模型的表征，即 DS-SED 描述为

$$\mathcal{L}_{\text{DS-SED}}=\mathcal{L}_{\text{mixup}}^{\text{BYOL}}((x_i,v_i),(x_j,v_j);\,\mathcal{B},\xi)-h(T,S) \tag{6.20}$$

6.4.3 logits 补偿多标签分类器学习

基于式(6.20)，可用少量参数的弱学生 CNN 分支学习 Transformer 块自注意结构信息，为下游任务，使用 OLSD 重平衡采样学习平衡的多标签分类器解决长尾问题。传统多标签学习采用加权的 sigmoid 二值交叉熵损失[204]作为损失函数，描述如下：

$$\mathcal{L}_{\text{cls}}(\boldsymbol{z}_i,\boldsymbol{y}_i^z)=-\frac{1}{C}\sum_{c=1}^{C}w_c(y_{ic}^z\log(\sigma(z_{ic}))+(1-y_{ic}^z)\log(1-\sigma(z_{ic}))) \tag{6.21}$$

式中：z_{ic}、y_{ic}^z 分别为模型预测的 logits 值 $\boldsymbol{z}_i$ 和真实标签 $\boldsymbol{y}_i^z$ 的第 c 个元素；$w_c=y_{ic}^z\mathrm{e}^{1-\rho}+(1-y_{ic}^z)\mathrm{e}^{\rho}$ 为第 c 个标签的损失权重，$\rho=n_c/N$；$\sigma(\cdot)$ 为 sigmoid 函数。由于每个类正样本与负样本极度的不平衡，仅仅使用式(6.21)将导致 logits 梯度值在不同距离下远离零，使得某些特别的类过度拟合[205-206]，因此我们使用 logits 补偿为平衡的二值交叉熵损失，描述为

$$\begin{aligned}\mathcal{L}_{\text{cls}}(\boldsymbol{z}_i,\boldsymbol{y}_i^z)=&-\frac{1}{C}\sum_{c=1}^{C}w_c(y_{ic}^z\log(\sigma(z_{ic}\cdot\zeta_c^p+\mu_c^p))+\\&(1-y_{ic}^z)\log(1-\sigma(z_{ic}\cdot\zeta_c^n+\mu_c^n)))\end{aligned} \tag{6.22}$$

其中假定第 c 个标签正样本 logits 值服从均值为 μ_c^p、标准差为 ζ_c^p 的正态分布；第 c 个标签负样本 logits 值服从均值为 μ_c^n、标准差为 ζ_c^n 的正态分布，μ_c^p、ζ_c^p、μ_c^n、ζ_c^n 是可学习参数。

6.4.4 相关理论分析

在我们的模型，教师模型由 Mixup 对比表征学习产生，由 CNN＋Transformer 块组成，弱学生模型只有 CNN 模块，我们旨在通过最大化互信息表征蒸馏，仅让少量参数的 CNN 模块学习到 CNN＋Transformer（参数量大）注意力结构信息，基于最大化互信息表征蒸馏，我们将进一步分析推论 6.5 的具体过程：

假设数据集构造如下：教师表征为 T，$N+1$ 个特征 $\{S,S_1,\cdots,S_N\}$，则 T 和 S 构成正样本对（源自同一样本），其余 T 和 S_i 构成负样本对（源自不同样本），则存在如下先验信息：

$$p(C=1)=\frac{1}{N+1},\quad p(C=0)=\frac{N}{N+1}$$

设源自同一样本的联合分布 $p(T,S|C=1)$ 记为 $p_1(T,S)$，源自不同样本的联合分布 $p(T,S|C=0)$ 记为 $p_0(T)p_0(S)$，则最大化互信息表示为

$$I(T,S)=\mathbb{E}_{p_1(T,S)}\log\frac{p_1(T,S)}{p_0(T)p_0(S)} \tag{6.23}$$

根据贝叶斯公式可得

$$p(C=1\mid T,S)=\frac{p_1(T,S)}{p_1(T,S)+Np_0(T)p_0(S)}$$

公式两边取对数，可得

$$\log p(C=1\mid T,S)=-\log\left(1+N\frac{p_0(T)p_0(S)}{p_1(T,S)}\right)\leqslant-\log N+\log\frac{p_1(T,S)}{p_0(T)p_0(S)}$$

两边对 $p_1(T,S)$ 求期望，根据式(6.23)，则有

$$I(T,S)\geqslant\log N+\mathbb{E}_{p_1(T,S)}\log p(C=1\mid T,S) \tag{6.24}$$

因此，问题转换为最大化公式 $\mathbb{E}_{p_1(T,S)}\log p(C=1|T,S)$，然而在式(6.24)中 $p(C=1|T,S)$ 真实分布是不知道的，根据文献[207-208]可估计一个模型 $h:\{T,S\}\to[0,1]$，最大化 log 似然为

$$\mathcal{L}_{\text{critic}}(h)=\mathbb{E}_{p_1(T,S)}\log h(T,S)+N\mathbb{E}_{p_0(T,S)}\log(1-h(T,S)) \tag{6.25}$$

只要式(6.25)中 h 拟合能力够强，就能很好地逼近 $p(C=1|T,S)$。设其最优解为 h^*，则有

$$\begin{aligned}I(T,S)&\geqslant\log N+\mathbb{E}_{p_1(T,S)}\log h^*(T,S)+N\mathbb{E}_{p_0(T,S)}\log(1-h^*(T,S))\\&\geqslant\log N+\mathbb{E}_{p_1(T,S)}\log h(T,S)+N\mathbb{E}_{p_0(T,S)}\log(1-h(T,S))\end{aligned}$$

因此，问题转化为联合的优化 f^S 和 h，使得 $f^{S^*}=\underset{f^S}{\mathrm{argmax}}\ \underset{h}{\max}\ \mathcal{L}_{\mathrm{critic}}(h)$，则可选择满足条件 $h:\{T,S\}\rightarrow[0,1]$ 的一个表征 h：

$$h(T,S)=\frac{\mathrm{e}^{g^T(T)'g^S(S)/\tau}}{\mathrm{e}^{g^T(T)'g^S(S)/\tau}+\dfrac{N}{M}}$$

6.5 监督 OLSD 实验结果与分析

本节将深入剖析 OLSD 算法在单标签长尾数据集（如 CIFAR10-LT、CIFAR100-LT 和 ImageNet-LT）以及多标签长尾数据集（如 COCO-MLT 和 VOC-MLT）上取得的实验成果，以全面评估其性能表现。

6.5.1 实验设置

1. 实验数据集

对单标签数据集，原始版本 CIFAR10 和 CIFAR100 由 60 000 张图片组成，其中 50 000 张作为训练，10 000 张作为测试，可根据不同平衡率 $\rho=n_{\max}/n_{\min}$ 设置不同级别的长尾分布问题[93]，在我们的实验中不平衡率设为 50、100。ImageNet-LT[182] 来源于原始 ImageNet-2012 数据集，根据 Pareto 分布采样形成，由 1000 个类别，共计 115.8×10^3 张图片组成，最大类图片数量为 1280，最小类图片数量为 5。对多标签数据集，选择 COCO-MLT 和 VOC-MLT。COCO-MLT[206] 是 MS COCO-2017 数据集的一个长尾变体，涵盖了 80 个类别，共计包含 1909 张图片，其中图片数量最多的类别含有 1128 张图片，而图片数量最少的类别仅含有 6 张图片，实验在 5000 张图片的测试集上进行了测试。VOC-MLT[206] 是原始 VOC 数据集的一个长尾扩展版本，它包含了 20 个不同的类别，总计 1142 张图片。在这些类别中，图片数量最多的类别含有 775 张图片，而图片数量最少的类别则仅含有 4 张图片。为了评估模型性能，实验包含了一个 4952 张图片的测试集。

2. 实验详细设置

对长尾 CIFAR10-LT 和 CIFAR100-LT，使用如下数据增强策略：随机 crop 成 32×32 的 patch，使用 4 个像素的垂直 flip 等。使用 ResNet-32 作为我们网络的 backbone，使用 $\varepsilon=0.99$ 指数移动平均(EMA)更新教师分支参数，模型 batch 设置为 128，训练 epoch 数为 300，初始学习率设为 0.1，并按照计划[60,120,180,240]进行衰减，使用 SGD 训练模型，其动量为 0.9，权重衰减 5×10^{-4}，并使用 3 块 NVIDIA V100GPU 进行模型训练。对 ImageNet-LT，使用与文献[182]相同的数据增强和参数设置，模型使用 ResNet-10 作为 backbone。对 COCO-MLT 和 VOC-MLT，使

用与文献[206]相同的实验设置，模型使用 ResNet-50 作为 backbone，batch 数设为 32，图片随机 crop 和 resize 为 224×224，权重衰减设为 1×10^{-4}。

3. 实验比较方法

为 OLSD 比较，我们比较方法主要分为三类：一是 baseline 方法，如交叉熵损失 CE、Focal 损失[161]、平衡交叉熵 BCE、数据增强方法 Mixup[209]、Manifold Mixup[197]；二是两阶段解耦训练方法，如 BBN[93]，此外，我们也比较如下几种方法，使用 CE 作为第一阶段训练，使用不同加权采样方法在第二阶段训练，如类平衡采样方法 DRS、基于 CAM 的平衡采样方法 DRS-CAM[182]、类平衡 Focal 重加权方法 CB-Focal；三是基于多阶段训练的知识蒸馏方法，如元学习 meta-learning[184]、多专家集成 LFME[187]、四阶段知识蒸馏 SSD[189]、两阶段知识蒸馏 BKD[196]、多专家集成路由 RIDE[188] 和虚拟样本蒸馏 DiVE[210] 等。

6.5.2 单标签长尾数据实验分析

1. 实验结果分析。

表 6.1 详细展示了在 CIFAR10-LT、CIFAR100-LT 和 ImageNet-LT 这三个长尾数据集上进行的实验所取得的结果。

表 6.1 长尾 CIFAR10-LT、CIFAR100-LT 和 ImageNet-LT 实验结果

单位：%

Datasets		**CIFAR10-LT**		**CIFAR100-LT**		**ImageNet-LT**
Imbalance ratio		**50**	**100**	**50**	**100**	
Baseline 基准	CE	75.22	69.82	42.10	38.27	34.01
	Focal	75.25	70.38	42.44	38.10	32.64
	BCE	77.48	70.48	43.77	38.97	—
	Mixup	77.82	73.06	44.99	39.54	—
	Manifold Mixup	77.95	72.96	43.09	38.25	35.2
两阶段解耦训练方法	BBN	82.18	79.82	47.02	42.56	—
	CE-DRS	79.81	75.61	45.48	41.61	—
	CE-DRS-CAM	81.40	75.37	45.95	41.73	—
	CE-CB_Focal	78.75	74.38	44.46	38.01	—
多阶段知识蒸馏方法	Meta-learning	82.23	80.00	49.16	44.08	—
	LFME	—	—	—	42.30	37.2
	RIDE(2 experts)	—	—	—	47.0	—
	RIDE(3 experts)				48.0	
	SSD	—	—	50.5	46.0	—
	BKD	**83.81**	**81.72**	49.64	45.00	**41.6**
	DiVE	—	—	51.13	45.35	—
OLSD(our method)		83.32	80.67	**51.49**	**47.22**	41.19

通过实验结果可知：

(1) 与 baseline 方法比较，我们的 OLSD 取得了较好的性能，例如，当不平衡率为 50%时，在 CIFAR10-LT 上，OLSD 提高了 Mixup 5.5%；在 CIFAR100-LT 上，OLSD 提高了 Mixup 6.5%。

(2) 与两阶段解耦训练方法相比，我们的 OLSD 也取得了较好的性能，例如在 CIFAR100-LT，OLSD 提高了 BBN 到 4.47%和 4.66%。

(3) 与多阶段的知识蒸馏方法比较，我们的 OLSD 也取得了竞争的结果，例如在 CIFAR100-LT 上，OLSD 提高了四阶段训练方法 SSD 到 0.99%和 1.22%，BKD 也需要首先训练一个大的教师模型，然后进行第二阶段知识蒸馏。相较于复杂的多阶段知识蒸馏，我们的方法实现了训练流程的精简，仅需单阶段即可完成训练，无须额外构建教师网络或经历多轮训练过程。这一优化策略显著缩短了模型训练周期，大幅降低了时间成本。

2. 消融实验分析

为了进一步分析 OLSD 每一个组件的作用，包括类平衡交叉熵损失$\mathcal{L}_{BCE}$、没有使用权重的$\mathcal{L}_{SKD}$、使用权重的$\mathcal{L}_{SKD}$、尾类多数分布的$\mathcal{L}_{MIX}$和表征一致$\mathcal{L}_{CON}$，我们在 CIFAR10-LT 和 CIFAR100-LT 上做消融实验分析，实验结果如表 6.2 所示。在表 6.2 中，我们 OLSD 每个组件都是有效的，如在 CIFAR100-LT 上，使用权重的$\mathcal{L}_{SKD}$提高了$\mathcal{L}_{BCE}$到 3.77%和 4.62%，其$\mathcal{L}_{SKD}$联合了从头到尾和从尾到头的知识迁移，并且$\mathcal{L}_{MIX}$提高了$\mathcal{L}_{SKD}$到 3.81%和 3.62%，原因是使用了尾类多数分布的 Mixup 增强，使得我们的方法具有较好的泛化性。

表 6.2　在 CIFAR10-LT 和 CIFAR100-LT 上消融实验分析结果　单位：%

Methods					CIFAR10-LT		CIFAR100-LT	
$\mathcal{L}_{BCE}$	$\mathcal{L}_{SKD}$（没有使用权重）	$\mathcal{L}_{SKD}$（使用权重）	$\mathcal{L}_{MIX}$	$\mathcal{L}_{CON}$	50	100	50	100
√					77.48	70.48	43.77	38.97
√	√				78.90	75.68	47.14	42.89
√		√			79.21	76.54	47.54	43.59
√		√	√		83.25	80.08	51.45	47.21
√		√	√	√	**83.32**	**80.67**	**51.49**	**47.22**

在 OLSD 上，通过使用倾向尾类多数的 Mixup 增强，我们提出的方法得到了较好的性能提高，在表 6.2 中，通过使用倾向尾类多数 Mixup 增强，在 CIFAR100-LT 上，使用$\mathcal{L}_{\mathrm{MIX}}$提高$\mathcal{L}_{\mathrm{BCE}}$到 7.68%和 8.24%。另外，通过使用我们提出的倾向尾类多数的 Mixup 增强，相比于使用传统的 Mixup 和 Manifold Mixup（表 6.1），OLSD 也有显著的提升，说明倾向尾类多数的 Mixup 增强是有效的。

3. 可视化比较分析

为可视化表征分析，使用 t-SNE 可视化特征空间以及相应的混淆矩阵，结果如图 6.5 所示。由图可以看出，类内有多的聚类中心，类间是可分的，这隐式地指出了我们的 OLSD 方法简单且有效。

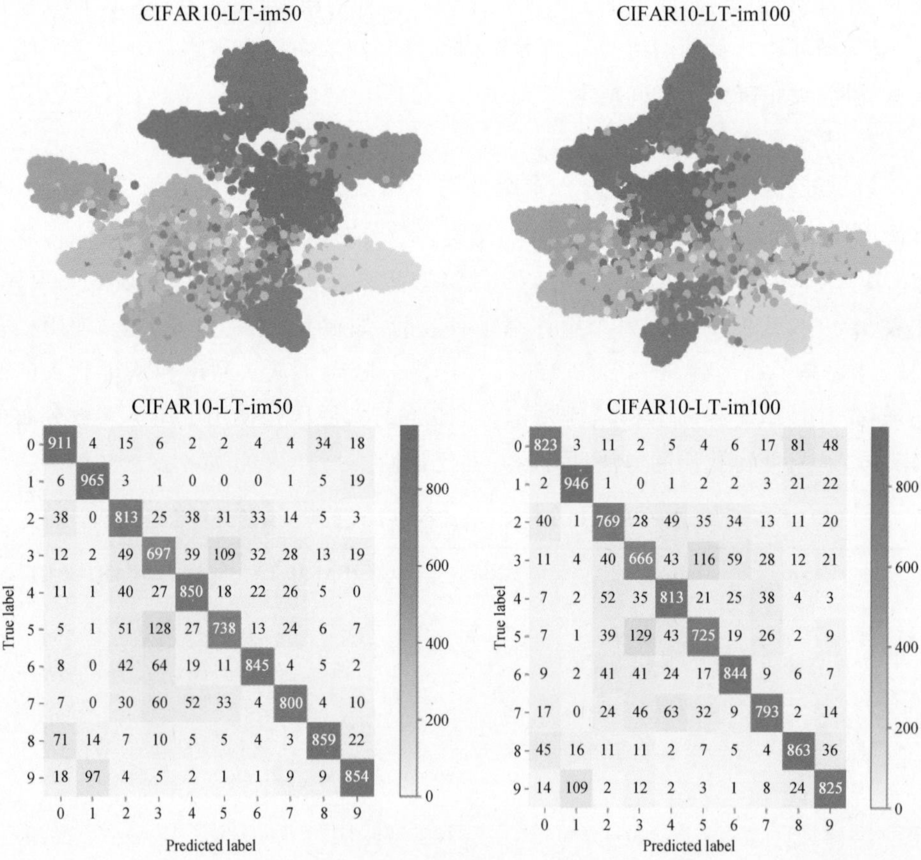

(a) (b)

图 6.5 OLSD 单标签长尾 CIFAR10 可视化比较分析

6.5.3 多标签长尾数据实验分析

1. 实验结果分析

表 6.3 给出了我们的方法与相关方法在 COCO-MLT 和 VOC-MLT 上的比较结果，在 OLSD 上，不同于单标签长尾分布使用$\mathcal{L}_{BCE}$，使用式(6.22)中 logits 补偿多标签平衡损失替换$\mathcal{L}_{BCE}$，多标签 Mixup 使用式(6.11)进行增强，相比于当前流行的 ML-GCN[211]、OLTR[186]、LDAM[212]、BBN[93]和 DB-Focal[206]方法，我们的 OLSD 取得了较高的 mAP 精度。

表 6.3 长尾多标签数据实验结果 单位：%

Datasets	**COCO-MLT**				**VOC-MLT**			
Methods	head	medium	tail	All	head	medium	tail	All
Focal loss	49.80	54.77	42.14	49.46	69.41	81.43	71.56	73.88
RS	47.58	50.55	41.70	46.97	70.95	82.94	73.05	75.38
ML-GCN	44.04	48.36	38.96	44.24	70.14	76.41	62.39	68.92
OLTR	47.45	50.63	38.05	45.83	70.31	79.80	64.95	71.02
LDAM	48.77	48.38	22.92	40.53	68.73	80.38	69.09	70.73
CB Focal	47.91	53.01	44.85	49.06	70.30	83.53	72.74	75.24
BBN	49.79	53.99	44.91	50.00	71.31	81.76	68.62	73.37
DB-Focal	51.13	57.05	51.06	53.55	73.22	84.18	79.30	78.94
OLSD	**51.97**	**57.94**	**51.56**	**54.30**	**77.23**	**86.65**	**80.75**	**81.46**

2. 可视化结果分析

我们使用 t-SNE 可视化 VOC-MLT 特征的 20 个类结果，结果如图 6.6 所示。由图可见，模型对 head 类、medium 类结果较好，tail 类结果区分度不太明显，特别是在类 14、类 15、类 17，尾类样本不易区分。

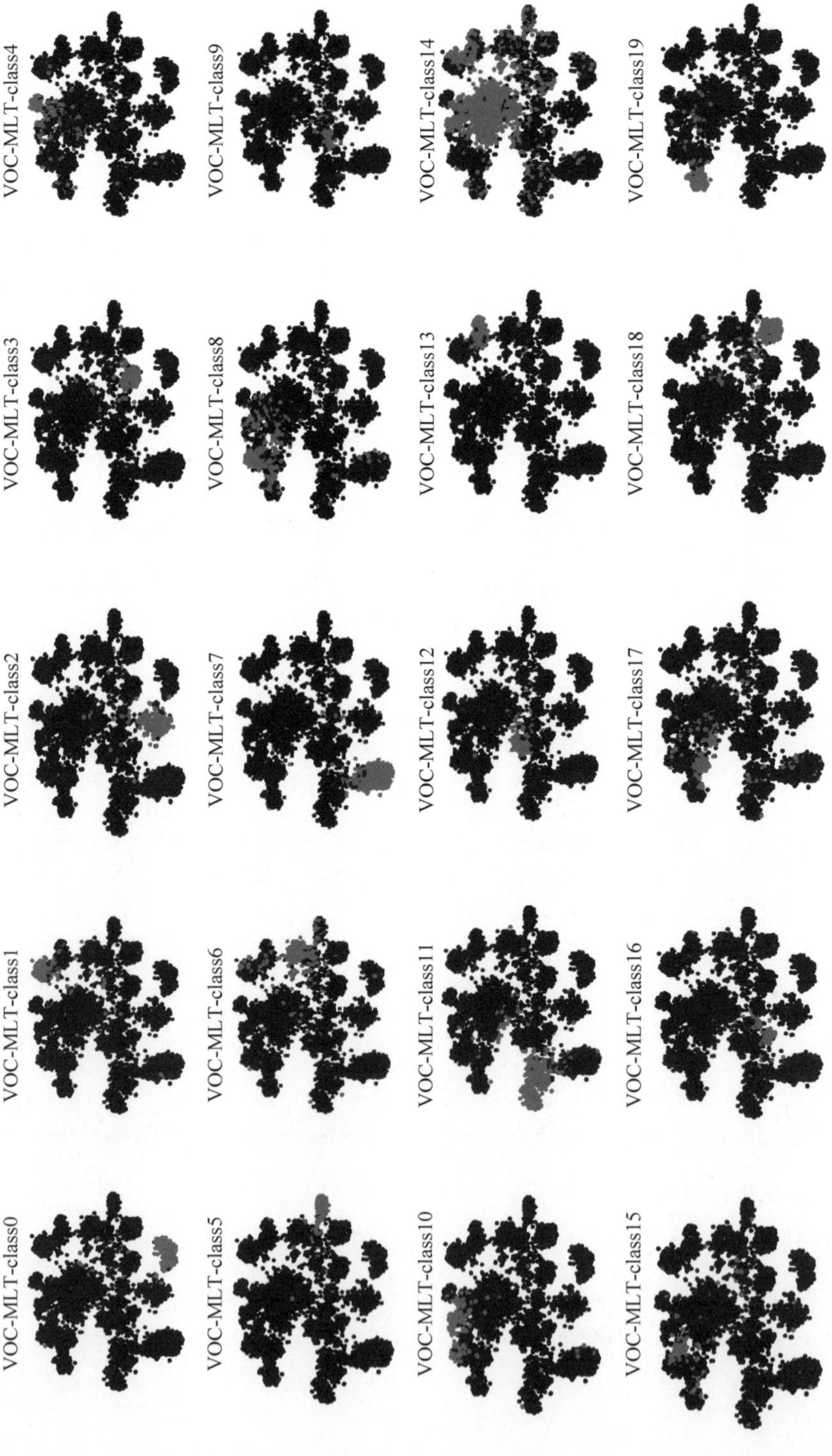

图 6.6 OLSD 多标签长尾 VOC-MLT 可视化比较分析

6.6 自监督 DS-SED 实验结果与分析

本节分析提出的自监督 DS-SED 方法的性能，我们的实验设置分为四部分：一是基于自监督学习的实验设置，分析自监督表征蒸馏的性能(见 6.6.1 节)；二是对下游任务中的 Many-shot 与 Few-shot 识别能力进行了深入的实验分析与探讨(具体细节参见 6.6.2 节)；三是对下游长尾可视化识别任务进行实验分析(见 6.6.3 节)；四是对下游目标检测及语义分割任务进行实验分析(见 6.6.4 节)。

6.6.1 自监督 DS-SED 表征性能实验分析

1. 实验数据集

使用对比表征学习在 pretext 数据集，并使用 MLP 分类器评估表征质量。为了全方面评估我们自监督表征蒸馏，使用不同领域数据集，如 CIFAR10、CIFAR100、语音数据集 Speech Commands[213]。

2. 实验详细设置

在所有的实验中，学习率基于 batch-size 大小而设置，设置函数为初始学习率×batch-size/256。对 CIFAR10 和 CIFAR100 数据集，batch-size 设置为 256，对每张无标记图片使用两种增强视图，包括 resize cropping、horizontal flipping、color jittering 和 gray scaling，使用随机梯度下降进行目标优化，相关参数如动量设置为 0.9，实验迭代次数为 2000。在我们的实验，初始学习率设置为 0.125，权重衰减设置为 0.0001；对 Speech Commands 数据集，实验迭代次数设置为 500，学习率衰减为 300～400，按 0.1 进行衰减。

3. 实验结果

我们使用不同的网络模型进行表征蒸馏，实验结果如表 6.4 所示。从数据中可以观察到，当采用 ResNet50 作为教师模型对 ResNet34 进行知识蒸馏时，在 CIFAR10 数据集上的实验结果显示：仅通过采用 Weak 学生分支进行学习，ResNet34 模型的性能提升了 3.34 个百分点；而若 ResNet34 模型原本就应用了 Mixup 增强技术(即 Mixup＋ResNet34)，则在此基础上再引入 Weak 学生分支进行蒸馏，其性能进一步提升了 0.26 个百分点。在 CIFAR100 数据集上，使用 Weak 学生分支提升了 Mixup 增强到 3.32%，另外，Strong 学生分支也得到了比较好的性能提升。在 CIFAR100 数据集上，当以 ResNet34 作为教师模型对 ResNet18 进行知识蒸馏时，实验结果显示采用 Weak 学生分支的方法使 ResNet18 的性能提升了 5.77%；采用 Strong 学生分支也提升了本身 ResNet34 到 6.05%。当使用 CNN＋Transformer 结构蒸馏 CNN 网络(ResNet50)时，我们的方法在 CIFAR10 和 CIFAR100 数据集上都取得了较大的提升，这潜在地指出了我们仅使用 CNN 学生分支学到了教师模型 CNN＋Transformer 强大的表征能力，提升 CNN 的表征能力。

表 6.4 自监督 DS-SED 表征性能实验分析 单位：%

Models	Methods	CIFAR10	CIFAR100	Speech Commands
Teacher：ResNet50 Student：ResNet34	Teacher	93.97	71.92	94.72
	Student	92.68	66.56	94.57
	Mixup-Teacher	96.31	77.17	98.19
	Mixup-Student	95.76	71.72	97.5
	Strong Student(Ours)	**96.39**	**76.99**	**98.13**
	Weak Student(Ours)	96.02	75.09	97.13
Teacher：ResNet34 Student：ResNet18	Teacher	92.68	66.56	94.57
	Student	92.41	65.33	93.45
	Mixup-Teacher	95.76	71.72	97.5
	Mixup-Student	94.49	71.04	98.07
	Strong Student(Ours)	**95.82**	**72.61**	**98.19**
	Weak Student(Ours)	95.3	71.10	97.97
Teacher：CNN+Transformer Student：CNN(Mixup)	Strong Student(Ours)	95.89	77.16	—
	Weak Student(Ours)	**96.18**	**77.39**	—
Teacher：CNN+Transformer Student：CNN(CutMix)	Strong Student(Ours)	**96.21**	76.39	—
	Weak Student(Ours)	96.11	**76.68**	—

6.6.2 下游 Many-shot 和 Few-shot 任务实验分析

对于长尾数据集，一般头部可以使用 Many-shot Learning 方法进行学习，尾部可以使用 Few-shot Learning 方法进行学习，因此，基于 DS-SED 得到的表征，分析 DS-SED 在下游 Many-shot 和 Few-shot 任务性能。

1. Many-shot 实验分析

1）实验设置

相同于表 6.4，实验数据集选择 CIFAR10 和 CIFAR100 数据集。对 Many-shot 任务，不同于表 6.4 实验设置，使用逻辑斯特回归分类器进行预测。

进一步，我们也观察使用 DS-SED 获得的表征训练分类器是否是校准的，根据文献[214-215]，我们使用最大校准误差(ECE)指标度量模型校准能力。

2）实验结果

基于不同的网络模型蒸馏，得到实验结果如表 6.5 所示。从数据中，我们可以得出以下结论：针对 Many-shot 任务，我们提出的 DS-SED 表征蒸馏方法展现了优越的性能。具体而言，在 CIFAR10 数据集上，当采用 Mixup 增强技术，并利用 CNN+Transformer 作为教师模型来蒸馏 CNN 模型时，仅通过应用 Weak 学生分支，就实现了高达 95.95%的准确率。而若采用 CutMix 增强方法，则同样在 DS-SED 框架下，达到了 95.6%的准确率，显示了该方法在不同增强策略下的稳定性和高效性。

表 6.5 下游 Many-shot 任务实验分析

Models	Methods	CIFAR10		CIFAR100	
		Acc	ECE	Acc	ECE
Teacher：ResNet50 Student：ResNet34	Teacher	91.91	0.239	64.59	0.554
	Student	92.15	0.175	63.2	0.352
	Mixup-Teacher	95.44	0.159	70.06	0.464
	Mixup-Student	95.24	0.091	65.2	0.294
	Strong Student(Ours)	95.31	0.164	69.32	0.548
	Weak Student(Ours)	**95.94**	**0.015**	**75.8**	**0.133**
Teacher：ResNet34 Student：ResNet18	Teacher	92.15	0.175	63.2	0.352
	Student	91.38	0.205	62.44	0.396
	Mixup-Teacher	95.24	0.091	65.2	0.294
	Mixup-Student	93.25	0.141	64.2	0.313
	Strong Student(Ours)	**95.62**	0.101	66.26	0.304
	Weak Student(Ours)	95.23	**0.013**	**69.58**	**0.212**
Teacher：CNN+Transformer Student：CNN(Mixup)	Strong Student(Ours)	94.52	0.240	70.28	0.576
	Weak Student(Ours)	**95.95**	**0.049**	**74.01**	**0.358**
Teacher：CNN+Transformer Student：CNN(CutMix)	Strong Student(Ours)	95.06	0.233	72.67	0.489
	Weak Student(Ours)	**95.6**	**0.098**	**75.61**	**0.341**

2. Few-shot 实验分析

1）实验设置

为了评估下游 Few-shot 任务性能，我们使用 KNN 分类器进行预测，在 CIFAR10 和 CIFAR100 数据集上，使用 5-way 5-shot 任务和 5-way 1-shot 任务，测试集每个类选取 15 张图，执行 600 个随机采样的小样本集，并报告平均准确度和方差。

2）实验结果

从表 6.6 的数据分析中，我们可以观察到在 Few-shot 任务场景下，我们的 DS-SED 表征蒸馏方法同样展现出了显著的优势。特别是在 CIFAR10 数据集的 5-way 5-shot 任务中，当采用 Mixup 增强策略，并以 CNN+Transformer 作为教师模型来蒸馏 CNN 时，即使仅应用 Weak 学生分支，也实现了 90.46%±0.49%的高准确率。然而，当转而使用 CutMix 增强方法时，尽管 DS-SED 方法仍被应用，但准确率却下降至 77.76%±0.74%。这一现象可归因于在少样本学习的环境中，CutMix 增强可能由于过度裁剪或拼接不同图像的部分，导致生成的数据样本质量下降，从而影响了模型的泛化能力。相比之下，Mixup 增强通过混合不同图像及其标签，间接地增加了训练样本的多样性和信息量，有助于提升模型在少样本情况下的性能。在 5-way 1-shot 任务中，在 CIFAR10 数据集，取得了 58.95%±1.04%的准确率。

表 6.6 下游 Few-shot 任务实验分析

单位：%

Models	Methods	5-way 5-shot		5-way 1-shot	
		CIFAR10	CIFAR100	CIFAR10	CIFAR100
Teacher：ResNet50 Student：ResNet34	Teacher	68.92±0.62	80.04±0.63	35.93±0.65	42.58±0.89
	Student	64.09±0.87	74.22±0.69	34.42±0.67	47.49±0.87
	Mixup-Teacher	84.69±0.49	87.60±0.56	52.35±0.86	68.07±0.99
	Mixup-Student	84.45±0.58	85.98±0.61	**55.30±0.84**	**68.10±0.97**
	Strong Student(Ours)	84.53±0.50	87.45±0.58	51.48±0.88	60.31±0.99
	Weak Student(Ours)	**85.52±0.55**	**88.60±0.50**	46.40±0.83	66.82±0.96
Teacher：ResNet34 Student：ResNet18	Teacher	64.09±0.87	74.22±0.69	34.42±0.67	47.49±0.87
	Student	69.86±0.74	75.21±0.70	35.73±0.69	50.28±0.90
	Mixup-Teacher	84.45±0.58	85.98±0.61	**55.30±0.84**	**68.10±0.97**
	Mixup-Student	82.38±0.59	83.39±0.65	50.27±0.85	65.28±0.90
	Strong Student(Ours)	**84.88±0.59**	**85.50±0.63**	54.22±0.88	66.74±0.99
	Weak Student(Ours)	84.17±0.59	84.89±0.58	51.53±0.92	64.80±0.97
Teacher：CNN+Transformer Student：CNN(Mixup)	Strong Student(Ours)	81.46±0.56	87.81±0.53	49.86±0.83	59.92±0.96
	Weak Student(Ours)	**90.46±0.49**	**84.91±0.63**	**58.95±1.04**	**59.08±1.03**
Teacher：CNN+Transformer Student：CNN(CutMix)	Strong Student(Ours)	77.66±0.73	76.88±0.73	**44.80±0.87**	**44.41±0.94**
	Weak Student(Ours)	**77.76±0.74**	**77.79±0.70**	43.94±0.95	44.22±0.85

6.6.3 下游长尾可视化识别任务实验分析

为了进一步验证 DS-SED 表征蒸馏能力，我们使用训练得到的表征为下游长尾可视化识别。对单标签长尾数据集，选择 CIFAR10-LT、CIFAR100-LT，基于两阶段训练模式[92]，使用 τ-normalized 分类器、重训练 cRT、可学习权重尺度(LWS)对其进行预测；对多标签长尾数据集 VOC-MLT，使用 Focal loss[215]、logits 补偿多标签分类器 LC-Focal(式 6.21)进行分类器训练。实验结果如表 6.7 所示。由表可以看出，使用 DS-SED 表征蒸馏，不同分类器预测均有精度提升。

表 6.7 下游 CIFAR10-LT 和 CIFAR100-LT 任务实验分析 单位：%

<table>
<tr><th rowspan="2">Representation Learning</th><th rowspan="2">Classifier training</th><th colspan="2">CIFAR10-LT</th><th colspan="2">CIFAR100-LT</th></tr>
<tr><th>50</th><th>100</th><th>50</th><th>100</th></tr>
<tr><td rowspan="4">ResNet32</td><td>Baseline</td><td>74.73</td><td>70.34</td><td>43.79</td><td>38.34</td></tr>
<tr><td>τ-normalized</td><td>79.93</td><td>72.71</td><td>45.69</td><td>41.03</td></tr>
<tr><td>cRT</td><td>80.04</td><td>74.99</td><td>45.32</td><td>40.26</td></tr>
<tr><td>LWS</td><td>78.79</td><td>72.63</td><td>45.21</td><td>40.21</td></tr>
<tr><td rowspan="4">Teacher：ResNet50
Student：ResNet32</td><td>Baseline</td><td>75.11</td><td>70.51</td><td>44.06</td><td>38.53</td></tr>
<tr><td>τ-normalized</td><td>80.08</td><td>72.85</td><td>45.9</td><td>41.17</td></tr>
<tr><td>cRT</td><td>80.47</td><td>75.14</td><td>45.57</td><td>40.47</td></tr>
<tr><td>LWS</td><td>78.96</td><td>72.78</td><td>45.42</td><td>40.37</td></tr>
<tr><td rowspan="4">Teacher：CNN+Transformer
Student：CNN</td><td rowspan="2">Classifier training</td><td colspan="4">VOC-MLT</td></tr>
<tr><td>head</td><td>medium</td><td>tail</td><td>All</td></tr>
<tr><td>Focal loss</td><td>71.71</td><td>80.69</td><td>73.21</td><td>74.97</td></tr>
<tr><td>LC-Focal</td><td>73.31</td><td>83.65</td><td>75.33</td><td>77.14</td></tr>
</table>

6.6.4 下游目标检测及语义分割任务实验分析

1. 下游目标检测任务

为了进一步验证我们 DS-SED 的表征性能，对下游目标检测任务进行实验分析，评估预训练模型在 Pascal VOC 完整数据集，使用 FPN、C4、DilatedC5 不同 backbone 的 Faster R-CNN[216]框架，训练在 trainval07 和 trainval12 数据集，测试在 test2007 数据集，评估标准使用 COCO-style 度量标准 AP、AP50、AP75，最大迭代次数设置为 90 000，初始学习率设置为 0.0025，其他参数使用默认 Detectron2 参数设置，比较方法有 InsDis[217]、不同版本的 MoCo[201]及 SimCLR[200]。相关实验结果如表 6.8 所示。我们的方法仅训练 200 epochs，在 Finetune 任务上取得了较好的实验结果，图 6.7 为目标检测各个损失训练曲线，其使用细调能进一步提升冻结的精度。

表 6.8 下游目标检测任务实验分析 单位：%

Types	Models	VOC(Frozen)			VOC(Finetune)		
		AP	AP50	AP75	AP	AP50	AP75
InsDis(200 epochs)	Faster R-CNN-FPN	50.13	77.92	53.34	48.82	76.43	52.40
MoCo-V1(200 epochs)		50.39	78.03	54.08	50.51	78.06	54.55
MoCo-V2(200 epochs)		54.22	81.86	59.97	44.74	72.82	47.01
SimCLR-V2(800 epochs)		**54.95**	**82.34**	**61.18**	51.42	79.40	55.89
Teacher：CNN+Transformer Student：CNN(200 epochs)	Faster R-CNN-FPN	51.59	81.11	56.91	51.04	79.08	55.36
	Faster R-CNN-C4	42.02	73.90	42.04	48.03	76.47	51.36
	Faster R-CNN-DilatedC5	50.99	80.93	54.74	**52.12**	**80.16**	**56.39**

2. 下游语义分割任务

为了进一步验证 DS-SED 的表征性能，我们对下游密集型语义分割任务进行实验分析，评估预训练模型在 ADE20K[218] 数据集，该数据集有 150 个类别，使用 UPerNet[219] 中的解码模块 Pyramid Pooling + FPN，也使用优秀的语义分割框架 PSPNet[220] 网络中的解码模块 Pyramid Pooling Module(PPM)、PPM + deep

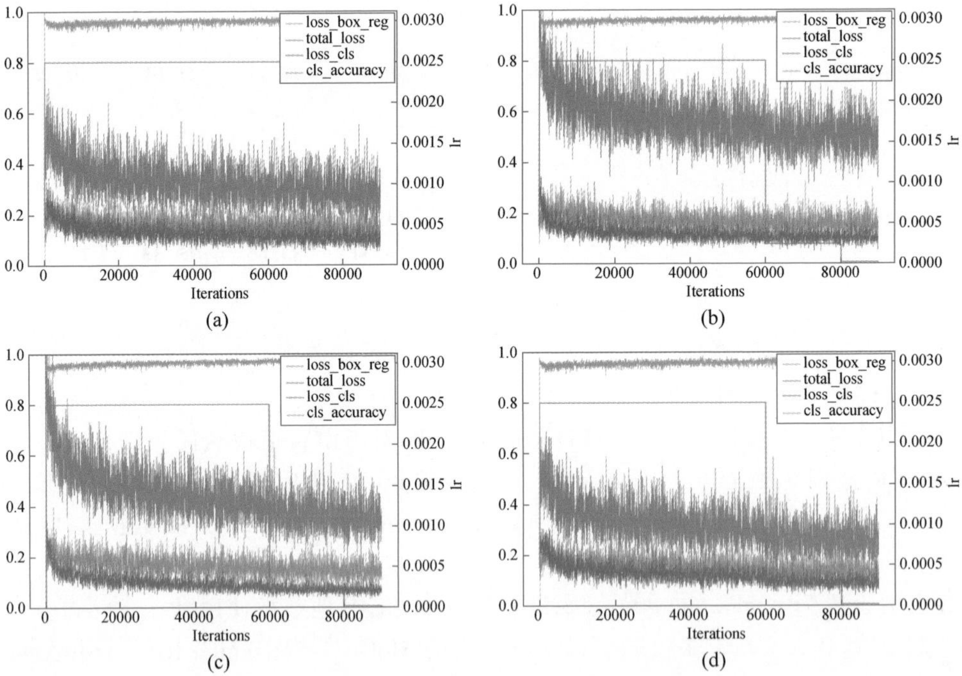

图 6.7 下游目标检测损失训练曲线

注：图(a)～(c)，VOC(Frozen)下分别使用 FPN、C4、DilatedC5 运行曲线；(d)～(f)，VOC(Finetune)下分别使用 FPN、C4、DilatedC5 运行曲线。

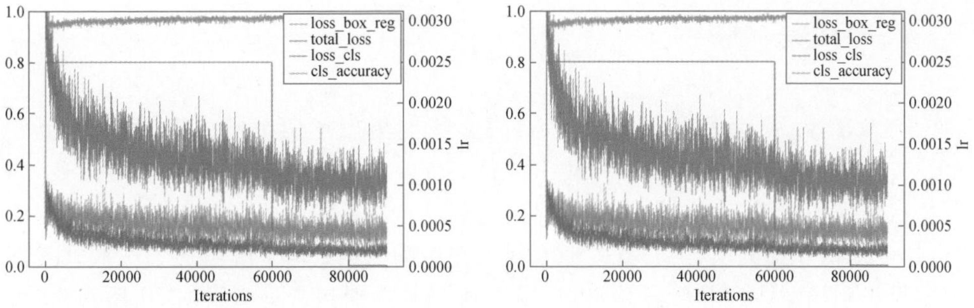

(e)　(f)

图 6.7 （续）

supervision，评估标准使用平均 IoU 和分割精度。实验结果如表 6.9 所示。可视化结果如图 6.8 所示。

表 6.9　下游语义分割任务实验分析　　单位：%

Encoder	Decoder	Mean IoU	Pixel Accuracy
Teacher：CNN＋Transformer Student：CNN(200 epochs)	UPerNet	0.2647	70.00
	PPM	0.2872	72.16
	PPM＋deep supervision	**0.3056**	**73.47**

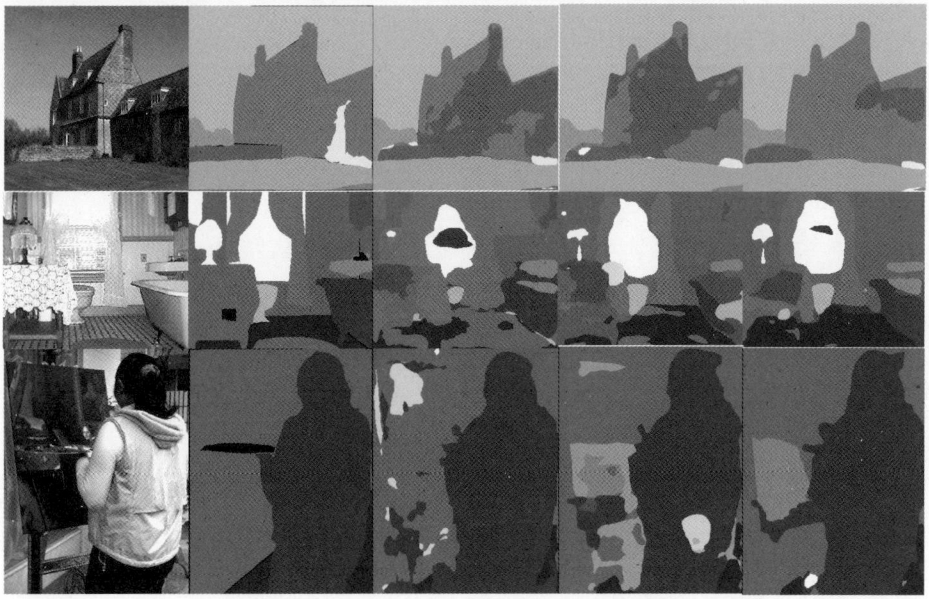

(a) Image　(b) Ground Truth　(c) UPerNet　(d) PPM　(e) PPM+deep supervision

图 6.8　下游语义分割可视化效果

6.7 本章小结

在本章中，针对长尾多标签学习问题，我们提出了两个网络模型，即监督的OLSD模型和自监督的DS-SED模型。OLSD方法巧妙运用了累积学习策略，同时并行处理了表征学习与分类器学习两大阶段。通过实施监督下的平衡自蒸馏策略，作为知识迁移的引导，它有效地实现了知识的双向迁移：既包括了从常见类别到罕见类别的“从头到尾”迁移，也涉及了从罕见类别到常见类别的“从尾到头”传递。这一设计使得OLSD在仅需单阶段训练的情况下，便能达成甚至超越多阶段模型的训练精度，但该方法主要局限于监督学习任务。为了更深入地探索自监督学习任务，本章基于对比学习，提出了双学生协同学习的自监督表征蒸馏框架——DS-SED。该框架不仅突破了OLSD在表征学习应用上的局限，而且通过在一系列下游任务中的验证，包括Many-shot和Few-shot分类任务、长尾视觉识别任务、目标检测任务以及语义分割任务，均展现出了我们方法的有效性和优越性。

第7章

基于多模态知识集成的开放词多标签学习

人类每日都在产生约 2.5EB 的巨量数据，这给大数据环境下多标签学习带来了严峻挑战。例如，极端多标签分类是一个活跃且快速发展的研究领域，在推荐系统中需要对大量的视频、图像进行多标签语义标注。然而，在现实世界的应用场景中，识别系统常常遭遇“未见标签”的难题，这极大地限制了模型的泛化能力，导致其性能表现不佳。为应对识别“不可见标签”的挑战，本章提出了一种多模态知识集成开放词多标签学习框架。该框架巧妙地利用了基于视觉和语言预训练的 CLIP[221] 模型，从图像-文本对中萃取丰富的多模态知识，以增强对未知标签的识别能力。特别地，为了深入挖掘并有效利用多标签数据中复杂的相互依赖关系，我们设计了一个综合性框架，该框架由两大核心模块构成：一是感知原型的多模态对比表征蒸馏模块(PCRD)，它旨在通过多模态信息的对比学习，提炼出更为丰富的特征表示；二是感知原型的多模态交叉图像结构蒸馏模块(PCSD)，该模块则侧重于在跨图像间构建多模态信息的交互与结构关联。实验结果显示，在三个广泛使用的基准数据集上，该方法均取得了令人满意的性能，从而充分验证了所提出框架及其两个关键模块的有效性和优越性。

7.1 引言

多标签识别作为计算机视觉领域的核心任务之一，对于场景理解、自动驾驶和视频监控等应用场景至关重要，其核心目标在于准确识别并标注图像中所有相关的目标标签。然而，在真实世界的应用场景中，多标签识别系统需具备处理成千上万种标签的能力,以应对复杂多变的识别需求。因此,仅仅依赖可见的、有限的标签来训练多标签学习方法,显然无法满足实际应用中广泛而深入的识别需求,这要求我们在方法设计上寻求更加高效、泛化能力更强的解决方案。随着视觉和语言预训练模型的不断发展,开放词汇分类成为预测任意标签的一种有效方法,如在自然语言处理(NLP)中预训练大模型的使用,类似的方法有 BERT[141]、GPT2[224]等,这些预训练的模型在下游任务中取到了较好的效果。另外,以数十亿个图像文本对作为训练样本,CLIP[221]在图像-文本匹配任务中取得了较好的效果,基于 CLIP 模型的文本编码器,我们可以挖掘大量词汇表的标签嵌入,从而实现开放词多标签分类。为了充分利用开放词语义知识,Gu 等[223]提出了基于视觉和语言预训练的 ViLD 开放词预测模型以提高目标检测任务性能,Huynh 等[225]提出了基于视觉和语言预训练的开放词实例分割模型。因此,如何把这种多模态开放词预测模型扩展到多标签学习对识别不可见标签具有重要意义。图 7.1 为开放词多标签学习的一个例子。

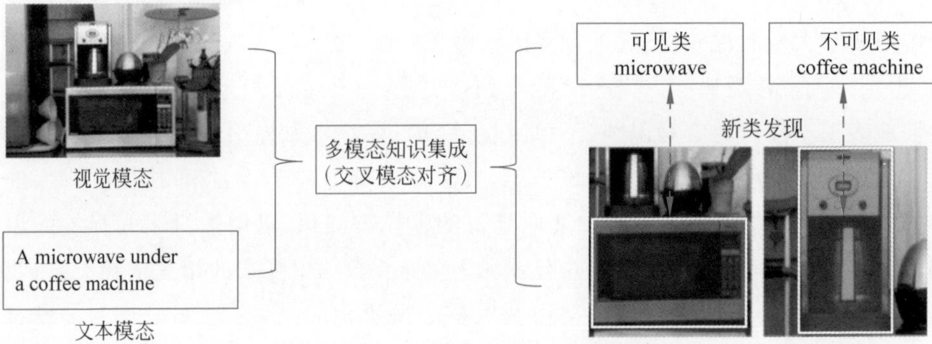

图 7.1 开放词多标签学习

因此,本章介绍了一种多模态知识集成的开放词多标签学习框架。该方法巧妙地融合了视觉与语言预训练 CLIP 模型的图像-文本对多模态知识库,并深入解析多标签结构内部复杂的相互依赖关系,以此为基础,实现了针对开放词汇环境下的高效多标签学习。本框架由两大核心组件构成:一是感知原型的多模态对比表征蒸馏模块(PCRD),主要聚焦于通过多模态对比学习来提炼高质量的表征;二是感知原型的多模态交叉图像结构蒸馏模块(PCSD),该模块致力于在图像间建立基于多模态信息的交叉结构关系,实验在公共的三个基准数据集取得了较好的性能。

7.2　问题描述

假设有两个不相交的标签集 $\boldsymbol{y}^{\mathrm{S}}$ 和 $\boldsymbol{y}^{\mathrm{U}}$，其中 $\boldsymbol{y}^{\mathrm{S}}$ 表示训练集中可见的标签，$\boldsymbol{y}^{\mathrm{U}}$ 表示训练图像中不可见的标签，$\boldsymbol{x}=\{x_1,x_2,\cdots,x_N\}$ 表示 N 个训练样本。对于可见标签集 $\boldsymbol{y}^{\mathrm{S}}$，$\boldsymbol{y}_i=[y_{i1},y_{i2},\cdots,y_{iC}]\in\{0,1\}^C(i=1,2,\cdots,N)$ 表示一个 C 维向量，其中 $y_{ic}=1$ 表示第 i 个样本属于标签 $c=1,2,\cdots,C$，否则，$y_{ic}=0$。C 是当前样本集可见标签的总数。开放词多标签学习不仅要识别可见的标签 $\boldsymbol{y}^{\mathrm{S}}$，还需要对不可见的标签集 $\boldsymbol{y}^{\mathrm{U}}$ 进行识别。

7.3　多模态知识集成的开放词多标签学习框架

多模态知识集成的开放词多标签学习框架如图 7.2 所示。

该框架包括感知原型的多模态对比表征蒸馏模块 PCRD 和感知原型的多模态交叉图像结构对比蒸馏模块 PCSD。在 PCRD 模块中，通过最大化教师-学生网络之间原型感知表征的互信息，保证语义表征结构的一致性，增强了类内表征的紧密性和类间表征的离散性；在 PCSD 模块中，通过引入了样本到样本和样本到原型的结构化对比蒸馏，以实现模型原型感知的跨图像结构一致性，指导学生模型在多个实例中与教师保持一致的标签语义结构。此外，通过引入了多模态之间动态原型校正来更新类原型，以提高原型生成的稳定性。

7.3.1　多标签知识蒸馏

类似于第 6 章自蒸馏框架，本章也使用教师-学生框架进行知识迁移。给定一个多标签图像分类任务，多标签知识蒸馏框架主要包括视觉特征图提取器 f、特征投影器 g 和多标签分类器头 h 三个组件。其中投影器主要为教师和学生分支生成相同的特征嵌入 $g(f(x))$，多标签分类器预测多标签概率 $\hat{\boldsymbol{y}}=\sigma\circ h(g(f(x))$。在下面的描述中使用上标 T 和 S 来区分教师和学生模型。为多标签学习，BCE 损失可描述为

$$\mathcal{L}_{\mathrm{BCE}}=-\frac{1}{N}\sum_{i=1}^{N}\sum_{k=1}^{C}y_{ik}\log(\hat{y}_{ik})+(1-y_{ik})\log(1-\hat{y}_{ik}) \tag{7.1}$$

另外，传统的基于 logits 的蒸馏方法可以通过最小化教师分支和学生分支预测之间的 KL 散度来进行多标签知识蒸馏，可以描述为

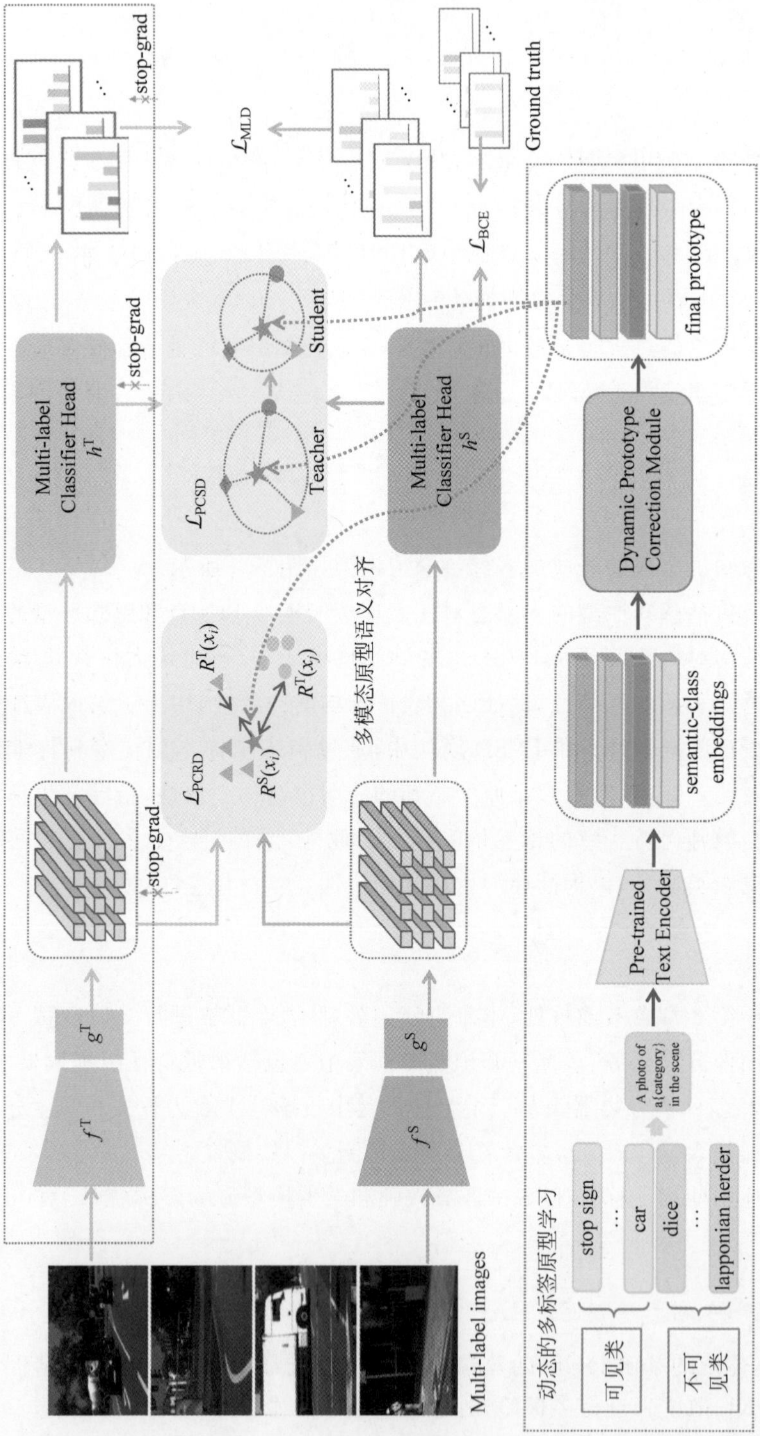

图 7.2 多模态知识集成的开放词多标签学习框架

$$\mathcal{L}_{\mathrm{MLD}}=\frac{1}{N}\sum_{i=1}^{N}\sum_{k=1}^{C}\mathrm{KL}([\hat{y}_{ik}^{\mathrm{T}},1-\hat{y}_{ik}^{\mathrm{T}}]\,||\,[\hat{y}_{ik}^{\mathrm{S}},1-\hat{y}_{ik}^{\mathrm{S}}]) \tag{7.2}$$

7.3.2 多模态原型对比表征蒸馏模块

为了建模多模态原型感知表示，框架引入了原型感知对比表征蒸馏，通过最大化表征和原型感知嵌入之间的相互信息来增强类内和类间的紧密性。对于一个输入图像 X，可以通过骨干网络和投影器分别生成相同的特征嵌入 $\boldsymbol{F}^{\mathrm{T}}\in\mathbb{R}^{N\times d}$ 和 $\boldsymbol{F}^{\mathrm{S}}\in\mathbb{R}^{N\times d}$。给定一个多标签原型 $\boldsymbol{V}=[v_1,v_2,\cdots,v_C]\in\mathbb{R}^{C\times d}$，可以分别为教师和学生获取原型感知表示 $R^{\mathrm{T}}(X)$ 和 $R^{\mathrm{S}}(X)$：

$$\begin{cases}R^{\mathrm{T}}(X)=\boldsymbol{F}^{\mathrm{T}}\boldsymbol{V}^{\mathrm{T}}\in\mathbb{R}^{N\times C}\\R^{\mathrm{S}}(X)=\boldsymbol{F}^{\mathrm{S}}\boldsymbol{V}^{\mathrm{S}}\in\mathbb{R}^{N\times C}\end{cases} \tag{7.3}$$

考虑到教师网络通常表现出比学生更好的原型意识表征，因此框架通过最大化互信息迫使学生模仿教师传递有用的表征信息，即表示为

$$\begin{aligned}&I(R^{\mathrm{T}}(X),R^{\mathrm{S}}(X))\\&=\sum_{i,j}p(R^{\mathrm{T}}(X_i),R^{\mathrm{S}}(X_j))\log\frac{p(R^{\mathrm{T}}(X_i),R^{\mathrm{S}}(X_j))}{p(R^{\mathrm{T}}(X_i))p(R^{\mathrm{S}}(X_j))}\\&\geqslant\log N+\mathbb{E}\left(\log\frac{\phi(R^{\mathrm{T}}(X_i),R^{\mathrm{S}}(X_j))}{\phi(R^{\mathrm{T}}(X_i))\phi(R^{\mathrm{S}}(X_j))}\right)\\&=\log N+\mathbb{E}\left(\log\frac{\exp[\mathrm{sim}(R^{\mathrm{T}}(X_i),R^{\mathrm{S}}(X_j))/\tau]}{\sum\exp[\mathrm{sim}(R^{\mathrm{T}}(X_i),R^{\mathrm{S}}(X_j))/\tau]}\right)\\&\triangleq\log N-\mathcal{L}_{\mathrm{PCRD}}\end{aligned} \tag{7.4}$$

$\mathcal{L}_{\mathrm{PCRD}}$ 可以看作基于特征的蒸馏，以提取原型感知的表征信息。由于复杂的多标签结构相关性，仅使用特征映射信息可能不足以描述多标签学生模型，我们引入基于结构的蒸馏来对齐学生和教师分支之间的交叉图像实例之间的相关性或依赖性。

7.3.3 多模态交叉图像结构对比蒸馏模块

对于一批包含 N 张输入样本的可见标签图像 $\mathcal{X}=\{(x_{ij},y_{ij})\mid i=1,2,\cdots,N,j=1,2,\cdots,C\}$，通过 y_{ij} 可定义正、负标签样本集合 $\mathbb{Z}=\{x_{ij}\in\mathcal{X}\mid y_{ij}=1\}$，其中 $x_{ij}\in\mathbb{Z}$ 表示瞄点且 $x_{ij}^{(p)}$ 表示正的瞄点，正样本集合可以定义为

$$x_{ij}^{(p)}\in\mathcal{P}_{\mathrm{S2S}}(i,j)=\{x_{kj}\in\mathbb{Z}\backslash x_{ij}\mid y_{kj}=y_{ij}=1\}$$

式中：$\mathbb{Z}\backslash x_{ij}$ 表示排除 x_{ij} 的集合。

因此，学生分支能学习样本到样本的对比：

$$\mathcal{L}_{S2S}^{S}=\sum_{x_{ij}\in\mathbf{Z}}-\frac{1}{|\mathcal{P}_{S2S}(i,j)|}\sum_{x_{ij}^{(p)}\in\mathcal{P}(i,j)}\log\frac{\exp(x_{ij}\cdot x_{ij}^{(p)}/\tau)}{\sum_{x_a\in\mathbf{Z}\backslash x_{ij}}\exp(x_{ij}\cdot x_a/\tau)} \tag{7.5}$$

基于同样的方法可得到教师分支网络$\mathcal{L}_{S2S}^{T}$，通过加强教师-学生结构的一致性可以实现样本到样本的蒸馏：

$$\mathcal{L}_{S2S}=\|\ \mathcal{L}_{S2S}^{T}-\mathcal{L}_{S2S}^{S}\ \|_2 \tag{7.6}$$

虽然样本到样本的结构蒸馏可以在一定程度上捕获交叉图像关系，但很难从原型全局角度对样本之间的依赖关系进行建模。因此，框架进一步构建样本到原型的蒸馏，以保证样本和跨全局图像的原型感知嵌入关系，以发现不可见类。类似于式(7.5)，使用$\mathcal{P}_{S2P}(i,j)$表示$x_{ij}^{(p)}$的正集合，$\mathcal{N}_{S2P}(i,j)$表示负集合，当给定一个多标签原型$\mathbf{V}=[v_1,v_2,\cdots,v_C]\in\mathbb{R}^{C\times d}$，学生分支样本到原型的对比可描述为

$$\mathcal{L}_{S2P}^{S}=-\sum_{j\in\mathbf{V}}\log\frac{\sum_{x_{ij}^{(p)}\in\mathcal{P}_{S2P}(i,j)}\exp(v_j\cdot x_{ij}^{(p)}/\tau)}{\sum_{x_{ij}\in\mathcal{P}_{S2P}(i,j)\cup\mathcal{N}_{S2P}(i,j)}\exp(v_j\cdot x_{ij}/\tau)} \tag{7.7}$$

同样地，教师分支能得到样本到原型的对比$\mathcal{L}_{S2P}^{T}$，因此通过加强教师和学生样本到原型结构的一致性可以实现样本到原型结构的蒸馏：

$$\mathcal{L}_{S2P}=\|\ \mathcal{L}_{S2P}^{T}-\mathcal{L}_{S2P}^{S}\ \|_2 \tag{7.8}$$

最后多模态交叉图像结构蒸馏可描述为

$$\mathcal{L}_{PCSD}=\mathcal{L}_{S2S}+\mathcal{L}_{S2P} \tag{7.9}$$

7.3.4 动态的多标签原型校正

在文本模态下，我们对可见和不可见的标签使用 CLIP 等方法进行标签语义编码，为了进一步希望原型可以编码复杂的标签共现依赖关系，利用 GCN[211] 对多标签间的标签依赖关系进行建模，生成语义类原型$\mathbf{V}_P=[v_1,v_2,\cdots,v_C]\in\mathbb{R}^{C\times d}$。在视觉图像模态下可以对教师网络图像编码进行聚类产生原型，表示为$\mathbf{V}_T=[v_1,v_2,\cdots,v_C]\in\mathbb{R}^{C\times d}$。虽然生成的多标签原型探索了标签复杂依赖关系，但难以提取复杂的类内和类间结构，忽视了模态之间的语义对齐。一个好的多标签原型不仅能够表示标签之间的语义关系，还应该能够动态调整。在训练过程中，我们希望获得更稳定的原型，以促使学生模型与老师保持一致的结构。给定一批数据$\{x_i\}_{i=1}^{B}$，利用当前学生类级均值与教师原型之间的距离来动态学习原型，可以表示为

$$\mathbf{V}^{(c)}=\frac{\exp(-\|\ \widetilde{F}_S^{(c)}-\mathbf{V}_T^{(c)}\ \|/\tau)}{\sum_c\exp(-\|\ \widetilde{F}_S^{(c)}-\mathbf{V}_T^{(c)}\ \|/\tau)}\cdot\mathbf{V}_P^{(c)} \tag{7.10}$$

式中：$\widetilde{F}_{\mathrm{S}}\in\mathbb{R}^{B\times C\times d}$ 是从学生分支获得的类级均值；权重 $w^{(c)}=\dfrac{\exp(-\parallel\widetilde{F}_{\mathrm{S}}^{(c)}-\boldsymbol{V}_{\mathrm{T}}^{(c)}\parallel/\tau)}{\sum_{c}\exp(-\parallel\widetilde{F}_{\mathrm{S}}^{(c)}-\boldsymbol{V}_{\mathrm{T}}^{(c)}\parallel/\tau)}$ 度量了当前学生类级均值与教师生成原型之间的差异。通过每个 batch 动态地调整，能得到较为准确的语义类原型，使得模型能很好地学习上述两个模块。

7.4 实验结果与分析

7.4.1 实验设置

为了进行实验比较，在 VOC2007[178]、MS-COCO2014[177] 和 NUS-WIDE[226] 三个基准数据集上进行实验分析。为充分评估方法有效性，使用所有类的平均精度(mAP)、总体 $F1$ 分数(OF1)和平均每个类的 $F1$ 分数(CF1)。使用在 ImageNet 上预训练的模型作为主干。为了公平比较，调整所有图像的尺寸为 224×224，训练批大小设置为 64，使用 Adam 优化来训练 80 个 epoch，其中使用 OneCycleLR 作为学习率调度器，权重衰减设置为 0.0001。对于不同的教师网络，使用不同的常用模型，如 ResNet、MobileNet V2、RepVGG 和 Swin Transformer。对于模型训练，使用图像增强，包括随机水平翻转、Cutout 和 RandAugment。为了验证所提出的方法，将其与优秀的蒸馏方法进行了比较，包括基于特征的蒸馏方法(如 RKD[227]，PKT[228]，ReviewKD[229])和基于 logits 的蒸馏方法(如 PS[230]、MLD[231] 和 L2D[231])。

7.4.2 与蒸馏方法实验比较

表 7.1 和表 7.2 列出了不同蒸馏方法在 VOC2007 数据集上的实验结果。从这些结果中可以得到结论：与基于特征的蒸馏方法相比，我们的方法取得了更好的性能，主要是传统的基于特征的蒸馏方法无法捕捉复杂的多标签特征结构关系；与基于逻辑的方法相比，我们的方法明显优于它们；与最先进的 L2D 方法相比，我们的方法在大多数情况下达到了相当的性能，提出的方法充分利用了基于视觉和语言预训练 CLIP 模型的图像-文本对的多模态知识，同时考虑了多标签结构中复杂的依赖关系。

表 7.1　VOC2007 数据集上相关蒸馏方法比较(教师和学生使用相同网络结构)

单位：%

Teacher	**ResNet-50**			**WRN-101**			**RepVGG-A2**			**Swin S**		
Student	**ResNet-18**			**WRN-50**			**RepVGG-A0**			**Swin T**		
Metrics	**CF1**	**OF1**	**mAP**	**CF1**	**OF1**	**mAP**	**CF1**	**OF1**	**mAP**	**CF1**	**OF1**	**mAP**
Student	79.42	83.6	84.01	84.08	87.21	88.52	79.83	83.36	83.79	88.00	89.98	91.31
Teacher	81.21	84.92	86.73	83.72	87.03	88.00	82.62	85.63	86.20	88.82	91.05	92.75
PKT	79.31	83.10	84.12	84.14	87.07	87.69	80.04	83.53	83.63	88.03	90.17	91.28
RKD	79.83	83.54	84.48	84.55	87.33	88.21	79.85	83.41	83.75	88.51	90.44	91.52
ReviewKD	79.25	83.01	83.71	84.2	87.13	88.23	80.54	83.98	83.87	88.06	90.17	91.45
PS	79.95	83.78	84.44	83.91	86.92	88.3	80.28	83.74	83.77	88.12	90.25	91.21
MSE	79.29	83.16	84.23	83.57	86.49	88.04	79.94	83.67	84.02	87.66	89.99	91.06
MLD	80.29	84.07	84.48	84.25	87.16	88.29	80.02	83.66	83.65	88.81	90.72	91.43
L2D	82.11	85.70	85.71	85.69	88.25	89.52	80.82	84.37	84.56	**89.58**	91.34	91.92
Ours	**82.22**	**85.88**	**86.56**	**85.78**	**88.34**	**89.63**	**80.94**	**84.54**	**84.85**	**89.58**	**91.52**	**92.85**

表 7.2　VOC2007 数据集上相关蒸馏方法比较(教师和学生使用不同网络结构)

单位：%

Teacher	**ResNet-50**			**ResNet-50**			**Swin T**			**Swin T**		
Student	**MobileNet V2**			**RepVGG-A0**			**ResNet-18**			**MobileNet V2**		
Metrics	**CF1**	**OF1**	**mAP**	**CF1**	**OF1**	**mAP**	**CF1**	**OF1**	**mAP**	**CF1**	**OF1**	**mAP**
Student	81.76	85.01	86.12	79.83	83.36	83.79	79.42	83.6	84.01	81.76	85.01	86.12
Teacher	81.21	84.92	86.73	81.21	84.92	86.73	87.63	89.81	91.43	87.63	89.81	91.43
PKT	81.66	84.84	86.10	80.03	83.79	83.93	79.64	83.25	83.45	81.68	85.22	85.67
RKD	81.76	84.97	86.22	80.7	84.29	84.26	79.55	83.05	83.27	81.57	85.31	85.68
ReviewKD	81.73	85.04	85.87	80.34	83.62	84.07	78.93	83.08	83.37	81.56	85.10	85.69
PS	82.06	85.47	86.26	81.13	84.46	84.80	79.86	83.75	83.97	82.39	85.73	86.07
MSE	81.84	84.94	86.20	80.52	84.05	84.01	79.46	83.06	83.60	81.98	85.51	85.80
MLD	82.43	85.67	86.38	81.55	84.91	85.07	80.78	84.26	84.61	82.55	85.98	86.11
L2D	**83.26**	**86.48**	87.32	82.55	**85.85**	86.26	**82.17**	**85.67**	85.87	83.68	86.88	87.37
Ours	83.06	85.98	**87.64**	**82.88**	85.69	**86.78**	81.98	85.51	**86.07**	**83.93**	**87.05**	**87.75**

7.4.3 与非蒸馏方法实验比较

我们还和其他不使用知识蒸馏的多标签学习方法进行比较，包括 CADM[232]、P-GCN[233]、TDRG[234]、SST[235]、GM-MLIC[236]、MulCon[237]、CCD-R101[238]、CPSD[239]和 Query2Label[240]等。为了公平比较，实验在 MS-COCO2014 和 NUS-WIDE 数据集上进行，使用 WRN-101 作为教师，使用 ResNet-101 作为学生，实验结果如表 7.3 所示。

表 7.3 与非蒸馏方法实验比较

Methods	resolution	MS-COCO2014			NUS-WIDE		
		CF1	OF1	mAP	CF1	OF1	mAP
ResNet-101	448×448	71.2	79.7	81.5	59.2	73.8	62.5
CADM	448×448	—	—	—	60.7	74.1	62.8
P-GCN	448×448	78.3	80.5	83.2	60.4	73.4	62.8
TDRG	448×448	79	81.2	84.6	—	—	—
SST	448×448	—	—	—	59.6	73.2	63.5
GM-MLIC	448×448	78.3	80.6	84.3	—	—	—
MulCon	448×448	79.2	81.6	84.9	61.8	74.8	63.9
CCD-R101	448×448	77.3	81.1	84	—	—	—
CPSD	448×448	79.2	81.4	84.9	—	—	—
Query2Label	448×448	79.3	81.5	84.9	—	—	—
Ours (Teacher：WRN-101) (Student：ResNet-101)	448×448	**79.4**	**81.7**	**85.1**	**62.3**	**74.8**	**64.7**

7.4.4 可视化注意力图

为了评估方法的有效性，我们使用视觉主干中倒数第二层的各种注意力图进行可视化分析，包括 GradCAM、GradCAM++、EigenGradCAM、AblationCAM、ScoreCAM 和 LayerCAM。在图 7.3 中，很明显，与其他方法相比，在精确定位细粒度类细节方面，如在 ScoreCAM 中，我们的方法主要集中在鸟喙上，与 LayerCAM 等其他方法相比，它具有更强的可区分特征。同样，对于飞机，我们的方法集中在飞机的关键部位，如机头。这一观察结果表明，我们的方法不仅可以将注意力引导到目标物体上，而且可以有效地捕获判别特征。

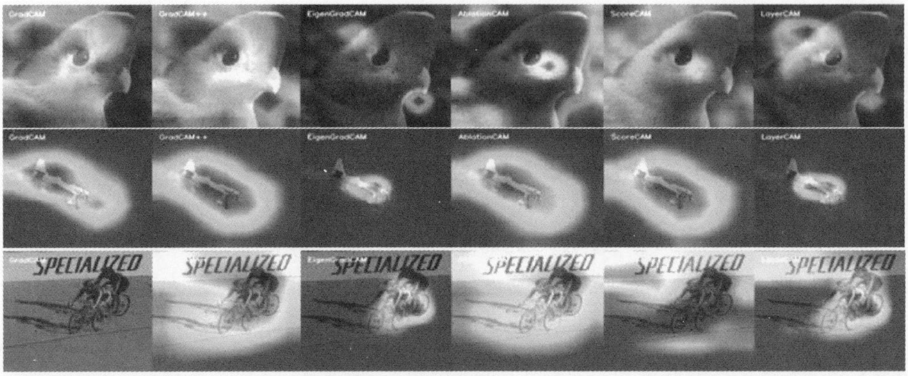

(a) Baseline

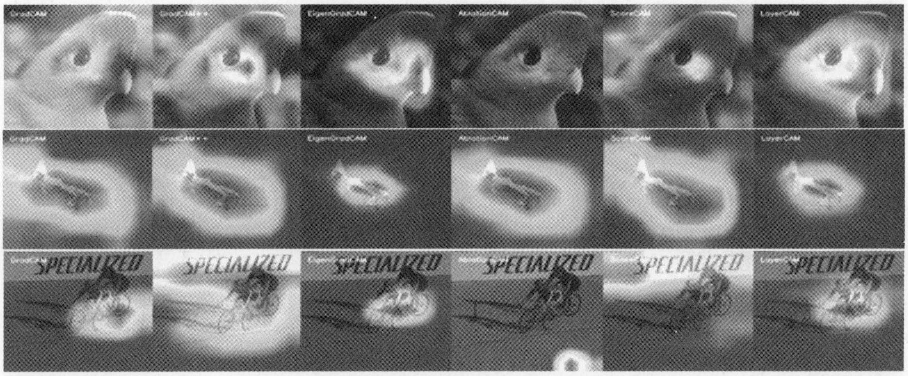

(b) L2D

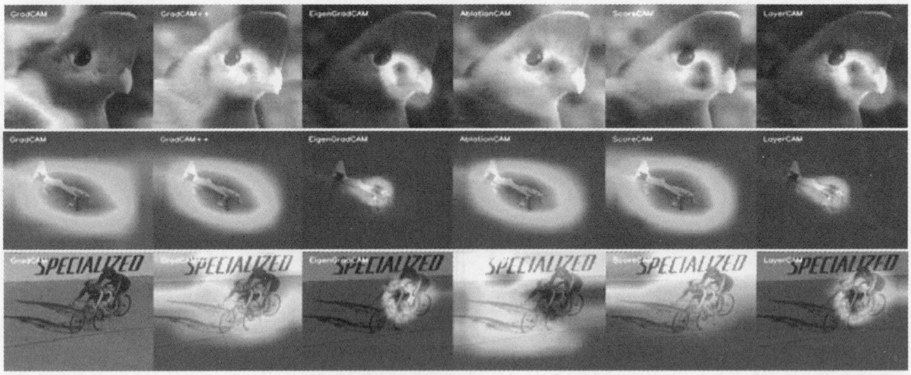

(c) Our method

图 7.3　不同可视化方法注意力图

7.4.5 原型校正可视化分析

我们使用 t-SNE 来可视化表征，如图 7.4 所示，应用原型校正后，每个类表征被聚类到其相对独立的区域，体现了原型感知对比方法的有效性。该方法不仅考虑了标签相关性，还增强了多个图像之间的类间和类内关系的结构信息。

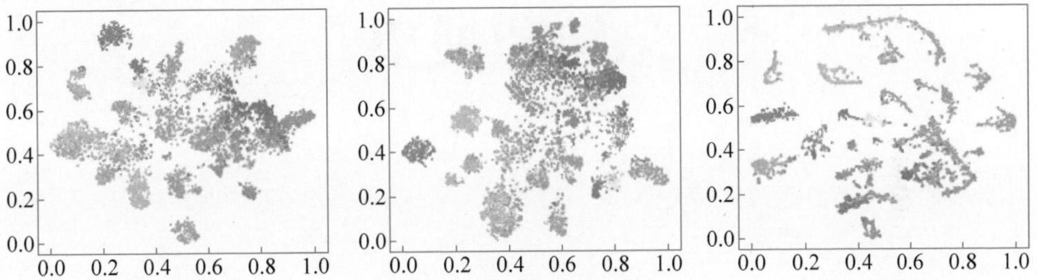

(a) Baseline (b) 不使用原型校正 (c) 使用原型校正

图 7.4 原型校正可视化分析

7.5 本章小结

本章针对现实世界的识别系统经常面临着看不见标签的问题，介绍了一种多模态知识集成的开放词多标签学习框架。该方法利用了视觉和语言预训练 CLIP 模型的图像-文本对多模态知识，该框架主要包括感知原型的多模态对比表征蒸馏模块 PCRD 和感知原型的多模态交叉图像结构蒸馏模块 PCSD，并在三个公共基准数据集上的实验结果验证了提出方法的有效性。

第8章

总结和展望

8.1 本书总结

多标签学习已成为当前机器学习中的一个研究热点，如图 8.1 所示，本书基于集成学习相关理论，开展集成多标签学习算法研究，旨在解决不同场景下多标签学习存在的问题。研究内容主要包括基于加权堆叠选择集成的传统多标签学习、基于流形子空间集成的不完全多标签学习、基于不同表征网络集成的极端多标签学习、基于自蒸馏集成网络的长尾多标签学习和基于多模态知识集成的开放词多标签学习。

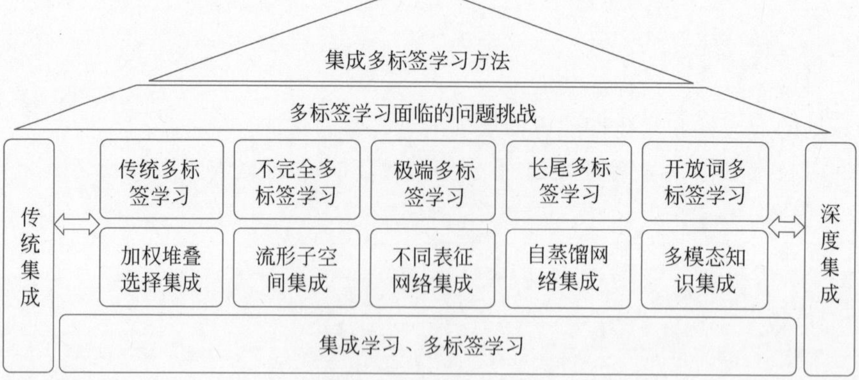

图 8.1　总结框架图

针对传统多标签学习场景，本书介绍了一种基于 stacking 模式的加权堆叠选择集成算法 MLWSE，旨在解决当前多标签集成方法存在的局限性：一是现有的集成模式大多采用 bagging 和 boosting 的集成模式，较少考虑 stacking 集成模式，且集成策略很少考虑分类器的选择集成；二是这些集成方法没有考虑标签之间成对的局部依赖关系。所提出的 MLWSE 算法不仅拓宽了多标签集成学习中 stacking 模式的应用范围，还在 2D 仿真数据集、Benchmark 标准数据集、真实的心脑血管疾病数据集三种不同数据集上，从鲁棒性、参数敏感度以及收敛速度等多个评估维度，均展现出了优异的性能表现。

针对不完全多标签学习场景，本书介绍了一种基于流形子空间集成的不完全多标签学习算法 BDMC-EMR，旨在解决当前大多数基于矩阵补全的多标签学习方法存在的局限性：一是未很好地利用特征辅助信息，即不同的流形子空间特征结构；二是存在的大多矩阵补全方法仅考虑了标签集的缺失，未考虑特征的缺失。提出的 BDMC-EMR 算法不仅可以很好地利用特征辅助信息，而且在直推式不完全多标签学习和归纳式不完全多标签学习两个方面取得较好的性能。

针对极端多标签学习场景，本书介绍了基于不同表征网络集成的极端多标签学习框架 HybridRCNN 和 Multi-V-Transformer。为中间量级别，HybridRCNN 旨在解决当前极端多标签文本分类深度网络中存在的局限性：未同时性考虑词、短语、标签三者之间的交互注意力。提出的 HybridRCNN 集成了词、短语、标签三者之间交互注意力，有效提升了分类器对极端多标签的判别能力，但该算法仅能适应中间量级。为极端量级别，Multi-V-Transformer 不仅弥补了 HybridRCNN 使用局限，而且旨在解决巨大标签空间带来的数据稀疏和可扩展性问题。提出的 Multi-V-Transformer 框架，通过双重策略显著增强了其处理极端多标签任务的能力。一方面，该框架采用对巨量标签进行聚类的方法，有效减轻了因标签数量巨大而带来的可扩展性挑战。另一方面，通过结合多视图注意力表征技术、极端多标签聚类学习策略以及约简标签集嵌入学习机制，Multi-V-Transformer 在提升模型对复杂数据的适应性和泛化性能方面展现出了较好的性能。

针对长尾多标签学习场景，本书介绍了基于自蒸馏集成网络的长尾多标签学习框架 OLSD 和 DS-SED。OLSD 的核心目标在于克服当前长尾分布处理方法所固有的几个局限性，一是由于传统的解耦训练方法往往要求多阶段训练流程，当处理大型多标签数据时，将不可避免地导致模型训练成本激增和时间消耗过长的问题。二是由于多标签场景标签的共现和大量负标签的主导，多标签长尾极度不平衡，存在的方法通常忽略了头类（高频类别）与尾类（低频类别）之间知识交互的重要性，进一步加剧了解决多标签长尾分布问题的难度。所提出的 OLSD 框架，依托累积学习策略，同步兼顾了表征学习与分类器学习两大阶段。它通过引入监督式平衡自蒸馏作为知识迁移的引导机制，实现了知识在类别间双向流动——既涵盖从头到尾迁移，也包含从尾到头知识迁移。这一设计使得 OLSD 能够在单阶段训练中，即达到或超越多阶段模型的训练精度，显著提升了训练效率。然而，当前 OLSD 的应用范畴仍局限于监督式学习领域。所提出的 OLSD 框架，依托累积学习策略，同步兼顾了表征学习与分类器学习两大阶段。针对开放词多标签学习场景，本书介绍了一种多模态知识集成的开放词多标签学习框架。该方法利用了视觉与语言预训练的 CLIP 模型所蕴含的丰富图像-文本对多模态知识，同时深入探索并整合了多标签体系内错综复杂的依赖关系，最终应用到开放词汇场景下的多标签学习任务中。该框架主要包括两个模块：感知原型的多模态对比表征蒸馏模块 PCRD 和感知原型的多模态交叉图像结构蒸馏模块 PCSD，实验在公共的三个基准数据集取得了较好的性能。

8.2 本书展望

本书在集成学习理论的坚实基础上，深入探讨了以下几种集成多标签学习方法，一是通过加权堆叠选择集成技术优化传统多标签学习；二是利用流形子空间集成策略有效处理不完全多标签学习问题；三是融合不同表征网络以提升极端多标签学习场景下的性能；四是采用自蒸馏集成网络技术应对长尾多标签分布的挑战；五是借助多模态知识集成方法，实现开放词环境下的多标签学习。这些方法为处理缺失不完全标签、极端多标签、长尾多标签和开放词多标签、长尾多标签以及开放词多标签等复杂场景提供了切实可行且高效的解决方案，推动了多标签学习领域的技术进步与应用拓展。但是仍有许多方面需要进一步研究和探索，未来的工作将从以下几方面进行考虑。

针对传统多标签学习，MLWSE 仅使用了传统 stacking 模式的集成，可基于当前热门的深度网络结构，提出适用于多标签学习的深度 stacking 网络，也可考虑 bagging、boosting 和 stacking 三种模式的集成并应用于多标签学习，这也是未来可改进的方向。针对不完全多标签学习，BDMC-EMR 仅使用了传统矩阵补全手段，可基于当前热门的深度 GNN 网络，提出适用于深度图神经网络集成的不完全多标签学习，可进一步提升流形子空间不完全多标签学习能力，这也是未来可改进的方向。针对极端多标签学习，一是 Multi-V-Transformer 采用多视图 Transformer 表征，可基于当前热门的 Transformer 等进行表征；二是 Multi-V-Transformer 采用概率标签树进行聚类，但聚类存在类别数不确定和初始敏感等问题，因此改进极端多标签聚类学习模块也是未来可改进的方向。针对长尾多标签学习，一是 OLSD 中采用倾向尾类多数的 Mixup 增强，可进一步研究基于 Mixup 增强的长尾多标签学习；二是DS-SED中采用对比表征蒸馏框架，可进一步研究针对长尾的Mixup对比表征学习，同时设计更好的最大化互信息的替代函数，这也是未来可改进的方向。针对开放词多标签学习，如何进一步挖掘多模态语义信息以提升多标签泛化性能，也是未来可改进的方向。

另外，在实际场景中，本书介绍的五个多标签问题之间存在着问题组合情形，如在现在大数据场景下，极端量级标签缺失问题，同时存在极端多标签和长尾多标签的情况，这将进一步增加多标签学习复杂难度，这也是未来可进一步改进的方向。

参考文献

[1] Wang T,Liu L,Liu N,et al. A multi-label text classification method via dynamic semantic representation model and deep neural network[J]. Applied Intelligence,2020,50(8):2339-2351.

[2] 张文杰. 大规模多标签学习算法研究[D]. 上海:华东师范大学,2018.

[3] Chen L,Li Z,Zeng T,et al. Predicting gene phenotype by multi-label multi-class model based on essential functional features[J]. Molecular Genetics and Genomics,2021,296:1-14.

[4] 张居杰. 多标签学习中关键问题研究[D]. 西安:西安电子科技大学,2016.

[5] Dong X,Yu Z,Cao W,et al. A survey on ensemble learning[J]. Frontiers of Computer Science,2020,14(2):241-258.

[6] Yang Y,Lv H. Discussion of ensemble learning under the era of deep learning[J]. arXiv preprint arXiv:2101.08387,2021.

[7] Ganaie M,Hu M. Ensemble deep learning:A review[J]. arXiv preprint arXiv:2104.02395,2021.

[8] Breiman L. Bagging predictors[J]. Machine Learning,1996,24:123-140.

[9] Read J,Pfahringer B,Holmes G,et al. Classifier chains for multi-label classification[J]. Machine Learning,2011,85(3):333-359.

[10] Read J,Pfahringer B,Holmes G. Multi-label classification using ensembles of pruned sets[C]. Proceedings of the 8th IEEE International Conference on Data Mining(ICDM 2008),Pisa,Italy,December 15-19,2008.

[11] Tsoumakas G,Katakis I,Vlahavas I P. Random k-labelsets for multi-label classification[J]. IEEE Transactions on Knowledge Data Engineering,2011,23(7):1079-1089.

[12] Tenenboim-Chekina L,Rokach L,Shapira B. Identification of label dependencies for multi-label classification[C]. Proceedings of the Second International Workshop on Learning from Multi-Label Data,2010.

[13] Kocev D,Vens C,Struyf J,et al. Ensembles of multi-objective decision trees[C]. Machine Learning:ECML 2007,2007:624-631.

[14] Freund Y,Schapire R E. A decision-theoretic generalization of on-line learning and an application to boosting[J]. Journal of Computer System Sciences,1997,55(1):119-139.

[15] Schapire R E,Singer Y. BoosTexter:A boosting-based system for text categorization machine learning[J]. Machine Learning,2000,39:135-168.

[16] Wolpert D H. Stacked generalization[J]. Neural Networks,1992,5(2):241-259.

[17] Tsoumakas G,Dimou A,Spyromitros-Xioufis E,et al. Correlation-based pruning of

stacked binary relevance models for multi-label learning[C]. Proceedings of the 1st International Workshop on Learning from Multi-label Data,2009: 101-116.

[18] Tan Q,Yu G,Domeniconi C,et al. Incomplete multi-view weak-label learning[C]. Proceedings of the Twenty-Seventh International Joint Conference on Artificial Intelligence,2018: 2703-2709.

[19] Liu X,Sun L,Feng S. Incomplete multi-view partial multi-label learning[J]. Applied Intelligence,2021: 1-14.

[20] Xu C,Tao D,Xu C. Robust extreme multi-label learning[C]. Proceedings of the 22nd ACM SIGKDD International Conference on Knowledge Discovery and Data Mining,2016: 1275-1284.

[21] Zhang W,Yan J,Wang X,et al. Deep extreme multi-label learning[C]. Proceedings of the 2018 ACM on International Conference on Multimedia Retrieval,2018: 100-107.

[22] Liu W,Wang H,Shen X,et al. The emerging trends of multi-label learning[J]. IEEE Transactions on Pattern Analysis and Machine Intelligence(Early Access),2021.

[23] Zhang Y,Kang B,Hooi B,et al. Deep long-tailed learning: A survey[J]. arXiv preprint arXiv: 04596,2021.

[24] Boutell M R,Luo J,Shen X,et al. Learning multi-label scene classification[J]. Pattern Recognition,2004,37(9): 1757-1771.

[25] Fürnkranz J,Hüllermeier E,Mencía E L,et al. Multi-label classification via calibrated label ranking[J]. Machine Learning,2008,73(2): 133-153.

[26] Zhang M L,Zhou Z H. ML-KNN: A lazy learning approach to multi-label learning[J]. Pattern Recognition,2007,40(7): 2038-2048.

[27] Clare A,King R D. Knowledge discovery in multi-label phenotype data[C]. European Conference on Principles of Data Mining and Knowledge Discovery,2001: 42-53.

[28] Jiang A,Wang C,Zhu Y. Calibrated rank-svm for multi-label image categorization[C]. 2008 IEEE International Joint Conference on Neural Networks(IEEE World Congress on Computational Intelligence),2008: 1450-1455.

[29] Ghamrawi N,Mccallum A. Collective multi-label classification[C]. Proceedings of the 14th ACM International Conference on Information and Knowledge Management,2005: 195-200.

[30] Zhang M L,Zhou Z H. A review on multi-label learning algorithms[J]. IEEE Transactions on Knowledge Data Engineering,2013,26(8): 1819-1837.

[31] Mukherjee,Indraneel,Schapire,et al. A theory of multiclass boosting[J]. Journal of Machine Learning Research,2013,14: 437-497.

[32] Moyano J M,Gibaja E L,Cios K J,et al. Review of ensembles of multi-label classifiers: models,experimental study and prospects[J]. Information Fusion,2018,44: 33-45.

[33] Wei Y,Xia W,Lin M,et al. HCP: A flexible CNN framework for multi-label image classification[J]. IEEE Transactions on Pattern Analysis and Machine Intelligence,2015,38(9): 1901-1907.

[34] Wang J,Yang Y,Mao J,et al. Cnn-rnn: A unified framework for multi-label image

classification[C]. Proceedings of the IEEE Conference on Computer Vision and Pattern Recognition, 2016: 2285-2294.

[35] Lanchantin J, Wang T, Ordonez V, et al. General multi-label image classification with transformers[C]. Proceedings of the IEEE/CVF Conference on Computer Vision and Pattern Recognition, 2021: 16478-16488.

[36] Liu J, Chang W C, Wu Y, et al. Deep learning for extreme multi-label text classification[C]. Proceedings of the 40th International ACM SIGIR Conference on Research and Development in Information Retrieval, 2017: 115-124.

[37] Huang W, Chen E, Liu Q, et al. Hierarchical multi-label text classification: An attention-based recurrent network approach[C]. Proceedings of the 28th ACM International Conference on Information and Knowledge Management, 2019: 1051-1060.

[38] 陈文实，刘心惠，鲁明羽. 面向多标签文本分类的深度主题特征提取[J]. 模式识别与人工智能, 2019, 32(09): 785-792.

[39] Zong D, Sun S. GNN-XML: Graph neural networks for extreme multi-label text classification[J]. arXiv preprint arXiv: 05860, 2020.

[40] Yang P, Sun X, Li W, et al. SGM: sequence generation model for multi-label classification[J]. arXiv preprint arXiv: 04822, 2018.

[41] 宋攀，景丽萍. 基于神经网络探究标签依赖关系的多标签分类[J]. 计算机研究与发展, 2018, 55(8): 1751-1759.

[42] Lin Z, Ding G, Hu M, et al. Multi-label classification via feature-aware implicit label space encoding[C]. Proceedings of the 31st International Conference on Machine Learning, 2014: 325-333.

[43] Bhatia K, Jain H, Kar P, et al. Sparse local embeddings for extreme multi-label classification[C]. Advances in Neural Information Processing Systems, 2015: 730-738.

[44] Szymański P, Kajdanowicz T, Chawla N. LNEMLC: Label network embeddings for multi-label classification[J]. arXiv preprint arXiv: 02956, 2018.

[45] Cui P, Wang X, Pei J, et al. A survey on network embedding[J]. IEEE Transactions on Knowledge Data Engineering, 2018, 31(5): 833-852.

[46] Shi M, Tang Y, Zhu X. MLNE: Multi-label network embedding[J]. IEEE Transactions on Neural Networks Learning Systems, 2019, 31(9): 3682-3695.

[47] Wang D, Cui P, Zhu W. Structural deep network embedding[C]. Proceedings of the 22nd ACM SIGKDD International Conference on Knowledge Discovery and Data Mining, 2016: 1225-1234.

[48] Xu L, Wei X, Cao J, et al. Multi-task network embedding[J]. International Journal of Data Science Analytics, 2019, 8(2): 183-198.

[49] Quinlan J R. Induction of decision trees[J]. Machine Learning, 1986, 1(1): 81-106.

[50] Rumelhart D E, Hinton G E, Williams R J. Learning representations by back-propagating errors[J]. Nature, 1986, 323(6088): 533-536.

[51] Ting K M, Witten I H. Stacking bagged and dagged models[R]. Computer Science Working Papers, 1997.

[52] Cai Y D, Feng K Y, Lu W C, et al. Using LogitBoost classifier to predict protein structural classes[J]. Journal of Theoretical Biology, 2006, 238(1): 172-176.
[53] Domingo C, Watanabe O. MadaBoost: A modification of adaboost[C]. Conference on Learning Theory, 2000: 180-189.
[54] Bradley J K, Schapire R E. FilterBoost: Regression and classification on large datasets [C]. Advances in Neural Information Processing Systems, 2007: 185-192.
[55] Freund Y. A more robust boosting algorithm[J]. arXiv preprint arXiv: 0905.2138, 2009.
[56] Van Der Laan M J, Polley E C, Hubbard A E. Super learner[J]. Statistical Applications in Genetics Molecular Biology, 2007, 6(1).
[57] Gomes H M, Enembreck F. Sae: Social adaptive ensemble classifier for data streams[C]. 2013 IEEE Symposium on Computational Intelligence and Data Mining (CIDM), 2013: 199-206.
[58] Gomes H M, Enembreck F. SAE2: Advances on the social adaptive ensemble classifier for data streams [C]. Proceedings of the 29th Annual ACM Symposium on Applied Computing, 2014: 798-804.
[59] Gomes H M, Barddal J P, Enembreck F, et al. A survey on ensemble learning for data stream classification[J]. ACM Computing Surveys, 2017, 50(2): 1-36.
[60] Littlestone N, Warmuth M K. The weighted majority algorithm [J]. Information and Computation, 1994, 108(2): 212-261.
[61] Lu Y, Cheung Y M, Tang Y Y. Dynamic weighted majority for incremental learning of imbalanced data streams with concept drift [C]. Proceedings of the Twenty-Sixth International Joint Conference on Artificial Intelligence, 2017: 2393-2399.
[62] Sarnovsky M, Kolarik M. Classification of the drifting data streams using heterogeneous diversified dynamic class-weighted ensemble[J]. PeerJ Computer Science, 2021, 7: e459.
[63] Domeniconi C, Yan B. Nearest neighbor ensemble [C]. Proceedings of the 17th International Conference on Pattern Recognition, 2004: 228-231.
[64] Azizi N, Farah N. From static to dynamic ensemble of classifiers selection: Application to Arabic handwritten recognition[J]. International Journal of Knowledge-based Intelligent Engineering Systems, 2012, 16(4): 279-288.
[65] Barddal J P, Gomes H M, Enembreck F. SFNClassifier: A scale-free social network method to handle concept drift[C]. Proceedings of the 29th Annual ACM Symposium on Applied Computing, 2014: 786-791.
[66] Huang G, Li Y, Pleiss G, et al. Snapshot ensembles: Train 1, get m for free[J]. arXiv preprint arXiv: 1704.00109, 2017.
[67] Srivastava N, Hinton G, Krizhevsky A, et al. Dropout: a simple way to prevent neural networks from overfitting [J]. Journal of Machine Learning Research, 2014, 15 (1): 1929-1958.
[68] Shi Q, Katuwal R, Suganthan P, et al. Random vector functional link neural network based ensemble deep learning[J]. arXiv preprint arXiv: 1907.00350, 2019.
[69] Wan L, Zeiler M, Zhang S, et al. Regularization of neural networks using dropconnect[C].

Proceedings of the 30th International Conference on Machine Learning, 2013: 1058-1066.
[70] Huang G, Sun Y, Liu Z, et al. Deep networks with stochastic depth[C]. European Conference on Computer Vision, 2016: 646-661.
[71] Singh S, Hoiem D, Forsyth D. Swapout: Learning an ensemble of deep architectures[C]. Advances in Neural Information Processing Systems, 2016.
[72] Laine S, Aila T. Temporal ensembling for semi-supervised learning[J]. arXiv preprint arXiv: 1610.02242, 2016.
[73] Hinton G, Vinyals O, Dean J. Distilling the knowledge in a neural network[J]. arXiv preprint arXiv: 1503.02531, 2015.
[74] Chen G, Ye D, Xing Z, et al. Ensemble application of convolutional and recurrent neural networks for multi-label text categorization[C]. 2017 International Joint Conference on Neural Networks(IJCNN), 2017: 2377-2383.
[75] Liu Y, Sheng L, Shao J, et al. Multi-label image classification via knowledge distillation from weakly-supervised detection[C]. Proceedings of the 26th ACM International Conference on Multimedia, 2018: 700-708.
[76] Krogh A, Vedelsby J. Neural network ensembles, cross validation, and active learning[C]. Advances in Neural Information Processing Systems, 1994: 231-238.
[77] Brown G, Wyatt J, Harris R, et al. Diversity creation methods: a survey and categorisation [J]. Information Fusion, 2005, 6(1): 5-20.
[78] Breiman L. Random forests[J]. Machine Learning, 2001, 45(1): 5-32.
[79] Kleinberg E. Stochastic discrimination[J]. Annals of Mathematics Artificial Intelligence, 1990, 1(1): 207-239.
[80] Bartlett P, Freund Y, Lee W S, et al. Boosting the margin: A new explanation for the effectiveness of voting methods[J]. The Annals of Statistics, 1998, 26(5): 1651-1686.
[81] Dietterich T G. Ensemble methods in machine learning[C]. International Workshop on Multiple Classifier Systems, 2000: 1-15.
[82] Zhou Z-H. Ensemble methods: foundations and algorithms[M]. Chapman and Hall/CRC, 2019.
[83] Brown G. An information theoretic perspective on multiple classifier systems[C]. International Workshop on Multiple Classifier Systems, 2009: 344-353.
[84] Xu M, Jin R, Zhou Z-H. Speedup matrix completion with side information: Application to multi-label learning[C]. Advances in Neural Information Processing Systems, 2013: 2301-2309.
[85] Liu B, Li Y, Xu Z. Manifold regularized matrix completion for multi-label learning with ADMM[J]. Neural Networks, 2018, 101: 57-67.
[86] Joachims T. Transductive learning via spectral graph partitioning[C]. Proceedings of the 20th International Conference on Machine Learning(ICML-03), 2003: 290-297.
[87] Michalski R S. A theory and methodology of inductive learning[M]. Morgan Kaufmann, 1983: 83-134.
[88] Buda M, Maki A, Mazurowski M A. A systematic study of the class imbalance problem in

convolutional neural networks[J]. Neural Networks,2018,106: 249-259.

[89] More A. Survey of resampling techniques for improving classification performance in unbalanced datasets[J]. arXiv preprint arXiv: 1608.06048,2016.

[90] Japkowicz N,Stephen S. The class imbalance problem: A systematic study[J]. Intelligent Data Analysis,2002,6(5): 429-449.

[91] Cui Y,Jia M,Lin T Y,et al. Class-balanced loss based on effective number of samples[C]. Proceedings of the IEEE/CVF Conference on Computer Vision and Pattern Recognition, 2019: 9268-9277.

[92] Kang B,Xie S,Rohrbach M,et al. Decoupling representation and classifier for long-tailed recognition[J]. arXiv preprint arXiv: 1910.09217,2020.

[93] Zhou B,Cui Q,Wei X S,et al. Bbn: Bilateral-branch network with cumulative learning for long-tailed visual recognition[C]. Proceedings of the IEEE/CVF Conference on Computer Vision and Pattern Recognition,2020: 9719-9728.

[94] Amozegar M,Khorasani K. An ensemble of dynamic neural network identifiers for fault detection and isolation of gas turbine engines[J]. Neural Networks,2016,76: 106-121.

[95] Cui C,Wang D. High dimensional data regression using lasso model and neural networks with random weights[J]. Information Sciences,2016,372: 505-517.

[96] Yuan M,Lin Y. Model selection and estimation in regression with grouped variables[J]. Journal of the Royal Statistical Society: Series B,2006,68(1): 49-67.

[97] Pan S,Wu J,Zhu X,et al. Task sensitive feature exploration and learning for multitask graph classification[J]. IEEE Transactions on Cybernetics,2016,47(3): 744-758.

[98] Li H,Lin Z. Accelerated proximal gradient methods for nonconvex programming[C]. Advances in Neural Information Processing Systems,2015: 379-387.

[99] Ito N,Takeda A,Toh KC. A unified formulation and fast accelerated proximal gradient method for classification [J]. Journal of Machine Learning Research, 2017, 18 (1): 510-558.

[100] Tseng P. Convergence of a block coordinate descent method for nondifferentiable minimization[J]. Journal of Optimization Theory and Applications, 2001, 109 (3): 475-494.

[101] Nutini J,Schmidt M,Laradji I,et al. Coordinate descent converges faster with the gauss-southwell rule than random selection [C]. Proceedings of the 32nd International Conference on Machine Learning,2015: 1632-1641.

[102] Kumar V,Pujari A K,Padmanabhan V,et al. Group preserving label embedding for multi-label classification[J]. Pattern Recognition,2019,90: 23-34.

[103] Simon N,Friedman J,Hastie T,et al. A sparse-group lasso[J]. Journal of Computational Graphical Statistics,2013,22(2): 231-245.

[104] Catalina A,Alaíz C M,Dorronsoro J R. Accelerated block coordinate descent for sparse group lasso[C]. 2018 International Joint Conference on Neural Networks(IJCNN),2018: 1-8.

[105] Polley E C,Van Der Laan M J. Super learner in prediction[D]. University of California-

Berkeley,2010.

[106] Tsoumakas G,Spyromitros-Xioufis E,Vilcek J,et al. Mulan: A java library for multi-label learning[J]. Journal of Machine Learning Research,2011,12: 2411-2414.

[107] Read J,Reutemann P,Pfahringer B,et al. Meka: a multi-label/multi-target extension to weka[J]. Journal of Machine Learning Research,2016,17: 1-5.

[108] Szymanski P,Kajdanowicz T. Scikit-multilearn: a scikit-based python environment for performing multi-label classification[J]. Journal of Machine Learning Research,2019,20(1): 209-230.

[109] Friedman M. A comparison of alternative tests of significance for the problem of m rankings[J]. The Annals of Mathematical Statistics,1940,11(1): 86-92.

[110] Demšar J. Statistical comparisons of classifiers over multiple data sets[J]. Journal of Machine Learning Research,2006,7: 1-30.

[111] Fang H,Zhang Z,Shao Y,et al. Improved bounded matrix completion for large-scale recommender systems[C]. Proceedings of the 26th International Joint Conference on Artificial Intelligence,2017: 1654-1660.

[112] Lima A C E,De Castro L N. A multi-label,semi-supervised classification approach applied to personality prediction in social media[J]. Neural Networks,2014,58: 122-130.

[113] Kanehira A,Harada T. Multi-label ranking from positive and unlabeled data[C]. Proceedings of the IEEE Conference on Computer Vision and Pattern Recognition,2016: 5138-5146.

[114] Xu Y,Xu C,Xu C,et al. Multi-positive and unlabeled learning[C]. Proceedings of the Twenty-Sixth International Joint Conference on Artificial Intelligence,2017: 3182-3188.

[115] Sun Y Y,Zhang Y,Zhou Z H. Multi-label learning with weak label[C]. Proceedings of the Twenty-fourth AAAI Conference on Artificial Intelligence,2010.

[116] Dong H C,Li Y F,Zhou Z H. Learning from semi-supervised weak-label data[C]. Proceedings of the Thirty-Second AAAI Conference on Artificial Intelligence,2018.

[117] Zhou Z H. A brief introduction to weakly supervised learning[J]. National Science Review,2018,5(1): 44-53.

[118] Niu G,Du Plessis M C,Sakai T,et al. Theoretical comparisons of positive-unlabeled learning against positive-negative learning[C]. Advances in Neural Information Processing Systems,2016: 1199-1207.

[119] Chiang K Y,Hsieh C J,Dhillon I S. Matrix completion with noisy side information[C]. Advances in Neural Information Processing Systems,2015: 3447-3455.

[120] Soni A,Jain S,Haupt J,et al. Noisy matrix completion under sparse factor models[J]. IEEE Transactions on Information Theory,2016,62(6): 3636-3661.

[121] Hsieh C-J,Natarajan N,Dhillon I. PU learning for matrix completion[C]. Proceedings of the 32nd International Conference on Machine Learning,2015: 2445-2453.

[122] Guo Y. Convex co-embedding for matrix completion with predictive side information[C]. Proceedings of the Thirty-First AAAI Conference on Artificial Intelligence,2017.

[123] Si S,Chiang K Y,Hsieh C J,et al. Goal-directed inductive matrix completion[C].

Proceedings of the 22nd ACM SIGKDD International Conference on Knowledge Discovery and Data Mining, 2016: 1165-1174.

[124] Negahban S, Wainwright M J. Restricted strong convexity and weighted matrix completion: Optimal bounds with noise[J]. Journal of Machine Learning Research, 2012, 13(1): 1665-1697.

[125] Pech R, Hao D, Pan L, et al. Link prediction via matrix completion[J]. Europhysics Letters, 2017, 117(3): 38002.

[126] Berg R V D, Kipf T N, Welling M. Graph convolutional matrix completion[J]. arXiv preprint arXiv: 1706.02263, 2017.

[127] Koren Y, Bell R, Volinsky C. Matrix factorization techniques for recommender systems [J]. Computer, 2009, 42(8): 30-37.

[128] Srebro N, Shraibman A. Rank, trace-norm and max-norm[C]. International Conference on Computational Learning Theory, 2005: 545-560.

[129] Recht B, Fazel M, Parrilo P A. Guaranteed minimum-rank solutions of linear matrix equations via nuclear norm minimization[J]. SIAM Review, 2010, 52(3): 471-501.

[130] Du Plessis M C, Niu G, Sugiyama M. Analysis of learning from positive and unlabeled data[C]. Advances in Neural Information Processing Systems, 2014: 703-711.

[131] Chiang K Y, Dhillon I S, Hsieh C J. Using side information to reliably learn low-rank matrices from missing and corrupted observations[J]. Journal of Machine Learning Research, 2018, 19(1): 3005-3039.

[132] Natarajan N, Rao N, Dhillon I. PU matrix completion with graph information[C]. 2015 IEEE 6th International Workshop on Computational Advances in Multi-Sensor Adaptive Processing(CAMSAP), 2015: 37-40.

[133] Yu H F, Huang H Y, Dhillon I, et al. A unified algorithm for one-cass structured matrix factorization with side information[C]. Proceedings of the 31st AAAI Conference on Artificial Intelligence, 2017.

[134] Belkin M, Niyogi P. Laplacian eigenmaps for dimensionality reduction and data representation[J]. Neural computation, 2003, 15(6): 1373-1396.

[135] Geng B, Tao D, Xu C, et al. Ensemble manifold regularization[J]. IEEE Transactions on Pattern Analysis Machine Intelligence, 2012, 34(6): 1227-1233.

[136] Zhang L, Zhang Q, Zhang L, et al. Ensemble manifold regularized sparse low-rank approximation for multiview feature embedding[J]. Pattern Recognition, 2015, 48(10): 3102-3112.

[137] Goldberg A, Recht B, Xu J, et al. Transduction with matrix completion: Three birds with one stone[C]. Advances in Neural Information Processing Systems, 2010: 757-765.

[138] Xu M, Niu G, Han B, et al. Matrix co-completion for multi-label classification with missing features and labels[J]. arXiv preprint arXiv: 1805.09156, 2018.

[139] Han Y, Sun G, Shen Y, et al. Multi-label learning with highly incomplete data via collaborative embedding[C]. Proceedings of the 24th ACM SIGKDD International Conference on Knowledge Discovery & Data Mining, 2018: 1494-1503.

[140] Jain H, Prabhu Y, Varma M. Extreme multi-label loss functions for recommendation, tagging, ranking & other missing label applications[C]. Proceedings of the 22nd ACM SIGKDD International Conference on Knowledge Discovery and Data Mining, 2016: 935-944.

[141] Devlin J, Chang M W, Lee K, et al. BERT: Pre-training of deep bidirectional transformers for language understanding[J]. arXiv preprint arXiv: 1810.04805, 2018.

[142] Liu Y, Ott M, Goyal N, et al. RoBERTa: A robustly optimized BERT pre-training approach[J]. arXiv preprint arXiv: 1907.11692, 2019.

[143] Yang Z, Dai Z, Yang Y, et al. Xlnet: Generalized autoregressive pre-training for language understanding[C]. Advances in Neural Information Processing Systems, 2019.

[144] Weston J, Makadia A, Yee H. Label partitioning for sublinear ranking[C]. Proceedings of the 30th International Conference on Machine Learning, 2013: 181-189.

[145] Agrawal R, Gupta A, Prabhu Y, et al. Multi-label learning with millions of labels: recommending advertiser bid phrases for web pages[J]. Proceedings of the 22nd International Conference on World Wide Web, 2013.

[146] Prabhu Y, Varma M. Fastxml: A fast, accurate and stable tree-classifier for extreme multi-label learning[C]. Proceedings of the 20th ACM SIGKDD International Conference on Knowledge Discovery and Data Mining, 2014: 263-272.

[147] Tai F, Lin H T. Multilabel classification with principal label space transformation[J]. Neural Computation, 2012, 24(9): 2508-2542.

[148] Cissé M, Usunier N, Artieres T, et al. Robust bloom filters for large multilabel classification tasks[C]. Advances in Neural Information Processing Systems, 2013: 1851-1859.

[149] Liu P, Qiu X, Huang X J a P A. Recurrent neural network for text classification with multi-task learning[J]. arXiv preprint arXiv: 1605.05101, 2016.

[150] You R, Zhang Z, Wang Z, et al. Attentionxml: Label tree-based attention-aware deep model for high-performance extreme multi-label text classification[C]. Advances in Neural Information Processing Systems, 2019: 5820-5830.

[151] Wang B. Disconnected recurrent neural networks for text categorization[C]. Proceedings of the 56th Annual Meeting of the Association for Computational Linguistics(Volume 1: Long Papers), 2018: 2311-2320.

[152] Vaswani A, Shazeer N, Parmar N, et al. Attention is all you need[C]. Advances in Neural Information Processing Systems, 2017: 5998-6008.

[153] Lai S, Xu L, Liu K, et al. Recurrent convolutional neural networks for text classification[C]. Proceedings of the 29th AAAI Conference on Artificial Intelligence, 2015.

[154] Guo L, Zhang D, Wang L, et al. CRAN: a hybrid CNN-RNN attention-based model for text classification[C]. International Conference on Conceptual Modeling, 2018: 571-585.

[155] Hsu S T, Moon C, Jones P, et al. A hybrid CNN-RNN alignment model for phrase-aware sentence classification[C]. Proceedings of the 15th Conference of the European Chapter of the Association for Computational Linguistics: Volume 2, Short Papers, 2017:

443-449.

[156] Huang X, Chen B, Xiao L, et al. Label-aware document representation via hybrid attention for extreme multi-label text classification[J]. Neural Processing Letters, 2021: 1-17.

[157] Yin W, Schütze H. Attentive convolution: Equipping cnns with RNN-style attention mechanisms[J]. Transactions of the Association for Computational Linguistics, 2018, 6: 687-702.

[158] Medini T, Huang Q, Wang Y, et al. Extreme classification in log memory using count-min sketch: A case study of amazon search with 50m products[C]. Advances in Neural Information Processing Systems, 2019.

[159] Dahiya K, Saini D, Mittal A, et al. DeepXML: A deep extreme multi-label learning framework applied to short text documents [C]. Proceedings of the 14th ACM International Conference on Web Search and Data Mining, 2021: 31-39.

[160] Chang W C, Yu H F, Zhong K, et al. Taming pretrained transformers for extreme multi-label text classification [C]. Proceedings of the 26th ACM SIGKDD International Conference on Knowledge Discovery & Data Mining, 2020: 3163-3171.

[161] Lin T Y, Goyal P, Girshick R, et al. Focal loss for dense object detection[C]. Proceedings of the IEEE International Conference on Computer Vision, 2017: 2980-2988.

[162] Dey R, Salem F M. Gate-variants of gated recurrent unit(GRU) neural networks[C]. 2017 IEEE 60th International Midwest Symposium on Circuits and Systems(MWSCAS), 2017: 1597-1600.

[163] Trottier L, Giguere P, Chaib-Draa B. Parametric exponential linear unit for deep convolutional neural networks[C]. 2017 16th IEEE International Conference on Machine Learning and Applications(ICMLA), 2017: 207-214.

[164] Grover A, Leskovec J. node2vec: Scalable feature learning for networks[C]. Proceedings of the 22nd ACM SIGKDD International Conference on Knowledge Discovery and Data Mining, 2016: 855-864.

[165] Dosovitskiy A, Beyer L, Kolesnikov A, et al. An image is worth 16 × 16 words: Transformers for image recognition at scale[J]. arXiv preprint arXiv: 2010.11929, 2020.

[166] Carion N, Massa F, Synnaeve G, et al. End-to-end object detection with transformers[C]. European Conference on Computer Vision, 2020: 213-229.

[167] Chen M, Radford A, Child R, et al. Generative pretraining from pixels[C]. Proceedings of the 37th International Conference on Machine Learning, 2020: 1691-1703.

[168] Ben-Baruch E, Ridnik T, Zamir N, et al. Asymmetric loss for multi-label classification [C]. Proceedings of the IEEE/CVF International Conference on Computer Vision, 2021: 82-91.

[169] Chen Y. Convolutional neural network for sentence classification [D]. University of Waterloo, 2015.

[170] Johnson R, Zhang T. Deep pyramid convolutional neural networks for text categorization [C]. Proceedings of the 55th Annual Meeting of the Association for Computational Linguistics(Volume 1: Long Papers), 2017: 562-570.

[171] Pennington J, Socher R, Manning C D. Glove: Global vectors for word representation [C]. Proceedings of the 2014 conference on empirical methods in natural language processing(EMNLP), 2014: 1532-1543.

[172] Babbar R, Schölkopf B. Dismec: Distributed sparse machines for extreme multi-label classification[C]. Proceedings of the Tenth ACM International Conference on Web Search and Data Mining, 2017: 721-729.

[173] Prabhu Y, Kag A, Harsola S, et al. Parabel: Partitioned label trees for extreme classification with application to dynamic search advertising[C]. Proceedings of the 2018 World Wide Web Conference, 2018: 993-1002.

[174] Khandagale S, Xiao H, Babbar R. Bonsai: diverse and shallow trees for extreme multi-label classification[J]. Machine Learning, 2020, 109(11): 2099-2119.

[175] Prabhu Y, Varma M. FastXML: A fast, accurate and stable tree-classifier for extreme multi-label learning[M]. FastXML: A Fast, Accurate and Stable Tree-Classifier for Extreme Multi-Label Learning, 2014.

[176] Van Horn G, Mac Aodha O, Song Y, et al. The iNaturalist species classification and detection dataset[C]. Proceedings of the IEEE Conference on Computer Vision and Pattern Recognition, 2018: 8769-8778.

[177] Lin T Y, Maire M, Belongie S, et al. Microsoft coco: Common objects in context[C]. European Conference on Computer Vision, 2014: 740-755.

[178] Everingham M, Eslami S A, Van Gool L, et al. The pascal visual object classes challenge: A retrospective[J]. International Journal of Computer Vision, 2015, 111(1): 98-136.

[179] Ren J, Yu C, Sheng S, et al. Balanced meta-softmax for long-tailed visual recognition[C]. Advances in Neural Information Processing Systems, 2020.

[180] Khosla P, Teterwak P, Wang C, et al. Supervised contrastive learning[C]. Advances in Neural Information Processing Systems, 2020.

[181] Oord A V D, Li Y, Vinyals O. Representation learning with contrastive predictive coding [J]. arXiv preprint arXiv: 1807.03748, 2018.

[182] Zhang Y, Wei X S, Zhou B, et al. Bag of tricks for long-tailed visual recognition with deep convolutional neural networks[C]. Proceedings of the AAAI Conference on Artificial Intelligence, 2021: 3447-3455.

[183] Wang P, Han K, Wei X S, et al. Contrastive learning based hybrid networks for long-tailed image classification[C]. Proceedings of the IEEE/CVF Conference on Computer Vision and Pattern Recognition, 2021: 943-952.

[184] Wang Y X, Ramanan D, Hebert M. Learning to model the tail[C]. Advances in Neural Information Processing Systems, 2017: 7032-7042.

[185] Zhu L, Yang Y. Inflated episodic memory with region self-attention for long-tailed visual recognition[C]. Proceedings of the IEEE/CVF Conference on Computer Vision and Pattern Recognition, 2020: 4344-4353.

[186] Liu Z, Miao Z, Zhan X, et al. Large-scale long-tailed recognition in an open world[C]. Proceedings of the IEEE/CVF Conference on Computer Vision and Pattern Recognition,

2019: 2537-2546.

[187] Xiang L, Ding G, Han J. Learning from multiple experts: Self-paced knowledge distillation for long-tailed classification[C]. European Conference on Computer Vision, 2020: 247-263.

[188] Wang X, Lian L, Miao Z, et al. Long-tailed recognition by routing diverse distribution-aware experts[J]. arXiv preprint arXiv: 2010.01809, 2020.

[189] Li T, Wang L, Wu G. Self Supervision to Distillation for Long-Tailed Visual Recognition [C]. Proceedings of the IEEE/CVF International Conference on Computer Vision, 2021: 630-639.

[190] Cui J, Zhong Z, Liu S, et al. Parametric contrastive learning[C]. Proceedings of the IEEE/CVF International Conference on Computer Vision, 2021: 715-724.

[191] Tarvainen A, Valpola H. Mean teachers are better role models: Weight-averaged consistency targets improve semi-supervised deep learning results [C]. Advances in Neural Information Processing Systems, 2017.

[192] Yuan L, Tay F E, Li G, et al. Revisiting knowledge distillation via label smoothing regularization[C]. Proceedings of the IEEE/CVF Conference on Computer Vision and Pattern Recognition, 2020: 3903-3911.

[193] Müller R, Kornblith S, Hinton G J a P A. When does label smoothing help[C]. Advances in Neural Information Processing Systems, 2019.

[194] Xia Y, Yang Y. Generalization self-distillation with epoch-wise regularization[C]. 2021 International Joint Conference on Neural Networks(IJCNN), 2021: 1-8.

[195] Wang X, Hua Y, Kodirov E, et al. Proselflc: Progressive self label correction for training robust deep neural networks[C]. Proceedings of the IEEE/CVF Conference on Computer Vision and Pattern Recognition, 2021: 752-761.

[196] Zhang S, Chen C, Hu X, et al. Balanced knowledge distillation for long-tailed learning[J]. arXiv preprint arXiv: 2104.10510, 2021.

[197] Verma V, Lamb A, Beckham C, et al. Manifold mixup: Better representations by interpolating hidden states [C]. Proceedings of the 36th International Conference on Machine Learning, 2019: 6438-6447.

[198] Yun S, Han D, Oh S J, et al. Cutmix: Regularization strategy to train strong classifiers with localizable features[C]. Proceedings of the IEEE/CVF International Conference on Computer Vision, 2019: 6023-6032.

[199] Xu Z, Chai Z, Yuan C. Towards calibrated model for long-tailed visual recognition from prior perspective[C]. Advances in Neural Information Processing Systems, 2021.

[200] Chen T, Kornblith S, Norouzi M, et al. A simple framework for contrastive learning of visual representations[C]. Proceedings of the 37th International Conference on Machine Learning, 2020: 1597-1607.

[201] He K, Fan H, Wu Y, et al. Momentum contrast for unsupervised visual representation learning[C]. Proceedings of the IEEE/CVF Conference on Computer Vision and Pattern Recognition, 2020: 9729-9738.

[202] Grill J-B, Strub F, Altché F, et al. Bootstrap your own latent-a new approach to self-supervised learning[C]. Advances in Neural Information Processing Systems, 2020: 21271-21284.

[203] Srinivas A, Lin T-Y, Parmar N, et al. Bottleneck transformers for visual recognition[C]. Proceedings of the IEEE/CVF Conference on Computer Vision and Pattern Recognition, 2021: 16519-16529.

[204] Guo H, Zheng K, Fan X, et al. Visual attention consistency under image transforms for multi-label image classification[C]. Proceedings of the IEEE/CVF Conference on Computer Vision and Pattern Recognition, 2019: 729-739.

[205] Guo H, Wang S. Long-tailed multi-label visual recognition by collaborative training on uniform and re-balanced samplings[C]. Proceedings of the IEEE/CVF Conference on Computer Vision and Pattern Recognition, 2021: 15089-15098.

[206] Wu T, Huang Q, Liu Z, et al. Distribution-balanced loss for multi-label classification in long-tailed datasets[C]. European Conference on Computer Vision, 2020: 162-178.

[207] Bai T, Chen J, Zhao J, et al. Feature distillation with guided adversarial contrastive learning[J]. arXiv preprint arXiv: 2009.09922, 2020.

[208] Tian Y, Krishnan D, Isola P. Contrastive representation distillation[J]. arXiv preprint arXiv: 1910.10699, 2019.

[209] Zhang H, Cisse M, Dauphin Y N, et al. mixup: Beyond empirical risk minimization[J]. arXiv preprint arXiv: 1710.09412, 2017.

[210] He Y Y, Wu J, Wei X S. Distilling virtual examples for long-tailed recognition[C]. Proceedings of the IEEE/CVF International Conference on Computer Vision, 2021: 235-244.

[211] Chen Z M, Wei X S, Wang P, et al. Multi-label image recognition with graph convolutional networks[C]. Proceedings of the IEEE/CVF Conference on Computer Vision and Pattern Recognition, 2019: 5177-5186.

[212] Cao K, Wei C, Gaidon A, et al. Learning imbalanced datasets with label-distribution-aware margin loss[C]. Advances in Neural Information Processing Systems, 2019.

[213] Warden P. Speech commands: A dataset for limited-vocabulary speech recognition[J]. arXiv preprint arXiv: 1804.03209, 2018.

[214] Guo C, Pleiss G, Sun Y, et al. On calibration of modern neural networks[C]. Proceedings of the 34th International Conference on Machine Learning, 2017: 1321-1330.

[215] Mukhoti J, Kulharia V, Sanyal A, et al. Calibrating deep neural networks using focal loss [C]. Advances in Neural Information Processing Systems, 2020.

[216] Ren S, He K, Girshick R, et al. Faster r-cnn: Towards real-time object detection with region proposal networks[C]. Advances in Neural Information Processing Systems, 2015: 91-99.

[217] Wu Z, Xiong Y, Yu S X, et al. Unsupervised feature learning via non-parametric instance discrimination[C]. Proceedings of the IEEE Conference on Computer Vision and Pattern Recognition, 2018: 3733-3742.

[218] Zhou B, Zhao H, Puig X, et al. Semantic understanding of scenes through the ade20k dataset[J]. International Journal of Computer Vision, 2019, 127(3): 302-321.

[219] Xiao T, Liu Y, Zhou B, et al. Unified perceptual parsing for scene understanding[C]. Proceedings of the European Conference on Computer Vision(ECCV), 2018: 418-434.

[220] Zhao H, Shi J, Qi X, et al. Pyramid scene parsing network[C]. Proceedings of the IEEE Conference on Computer Vision and Pattern Recognition, 2017: 2881-2890.

[221] Radford A, Kim J W, Hallacy C, et al. Learning transferable visual models from natural language supervision[C]. International Conference on Machine Learning. PMLR, 2021: 8748-8763.

[222] Lee C W, Fang W, Yeh C K, et al. Multi-label zero-shot learning with structured knowledge graphs[C]. Proceedings of the IEEE Conference on Computer Vision and Pattern Recognition, 2018: 1576-1585.

[223] Gu X, Lin T Y, Kuo W, et al. Open-vocabulary object detection via vision and language knowledge distillation[J]. arXiv preprint arXiv: 2104. 13921, 2021.

[224] Radford A, Wu J, Child R, et al. Language models are unsupervised multitask learners [J]. OpenAI Blog, 2019, 1(8): 9.

[225] Huynh D, Kuen J, Lin Z, et al. Open-vocabulary instance segmentation via robust cross-modal pseudo-labeling[C]. Proceedings of the IEEE/CVF Conference on Computer Vision and Pattern Recognition, 2022: 7020-7031.

[226] Chua T S, Tang J, Hong R, et al. Nus-wide: a real-world web image database from national university of singapore[C]. Proceedings of the ACM International Conference on Image and Video Retrieval, 2009: 1-9.

[227] Park W, Kim D, Lu Y, et al. Relational knowledge distillation[C]. Proceedings of the IEEE/CVF Conference on Computer Vision and Pattern Recognition, 2019: 3967-3976.

[228] Passalis N, Tefas A. Learning deep representations with probabilistic knowledge transfer [C]. Proceedings of the European Conference on Computer Vision (ECCV), 2018: 268-284.

[229] Chen P, Liu S, Zhao H, et al. Distilling knowledge via knowledge review[C]. Proceedings of the IEEE/CVF Conference on Computer Vision and Pattern Recognition, 2021: 5008-5017.

[230] Song L, Wu J, Yang M, et al. Handling difficult labels for multi-label image classification via uncertainty distillation[C]. Proceedings of the 29th ACM International Conference on Multimedia, 2021: 2410-2419.

[231] Yang P, Xie M K, Zong C C, et al. Multi-Label Knowledge Distillation[C]. Proceedings of the IEEE/CVF International Conference on Computer Vision, 2023: 17271-17280.

[232] Chen Z M, Wei X S, Jin X, et al. Multi-label image recognition with joint class-aware map disentangling and label correlation embedding[C]. 2019 IEEE International Conference on Multimedia and Expo(ICME). IEEE, 2019: 622-627.

[233] Chen Z M, Wei X S, Wang P, et al. Learning graph convolutional networks for multi-label recognition and applications[J]. IEEE Transactions on Pattern Analysis and Machine

Intelligence，2021，45(6)：6969-6983.

［234］ Zhao J，Yan K，Zhao Y，et al. Transformer-based dual relation graph for multi-label image recognition[C]. Proceedings of the IEEE/CVF International Conference on Computer Vision，2021：163-172.

［235］ Chen Z M，Cui Q，Zhao B，et al. SST：Spatial and semantic transformers for multi-label image recognition[J]. IEEE Transactions on Image Processing，2022，31：2570-2583.

［236］ Wu Y，Liu H，Feng S，et al. GM-MLIC：graph matching based multi-label image classification[J]. arXiv preprint arXiv：2104.14762，2021.

［237］ Dao S D，Zhao E，Phung D，et al. Multi-label image classification with contrastive learning [J]. arXiv preprint arXiv：2107.11626，2021.

［238］ Liu R，Liu H，Li G，et al. Contextual debiasing for visual recognition with causal mechanisms[C]. Proceedings of the IEEE/CVF Conference on Computer Vision and Pattern Recognition，2022：12755-12765.

［239］ Xu J，Huang S，Zhou F，et al. Boosting multi-label image classification with complementary parallel self-distillation[J]. arXiv preprint arXiv：2205.10986，2022.

［240］ Liu S，Zhang L，Yang X，et al. Query2label：A simple transformer way to multi-label classification[J]. arXiv preprint arXiv：2107.10834，2021.